i室設圈｜漂亮家居編輯部

破解格局動線尺寸，搞懂隔間、
管線配置、設備安裝工法步驟完全掌控

最強

浴室設計

規劃全書

目錄

CHAPTER3 實用舒適的浴室設計關鍵

POINT1. 設備與材質

POINT2. 收納與機能

CHAPTER 1

浴室空間配置原則

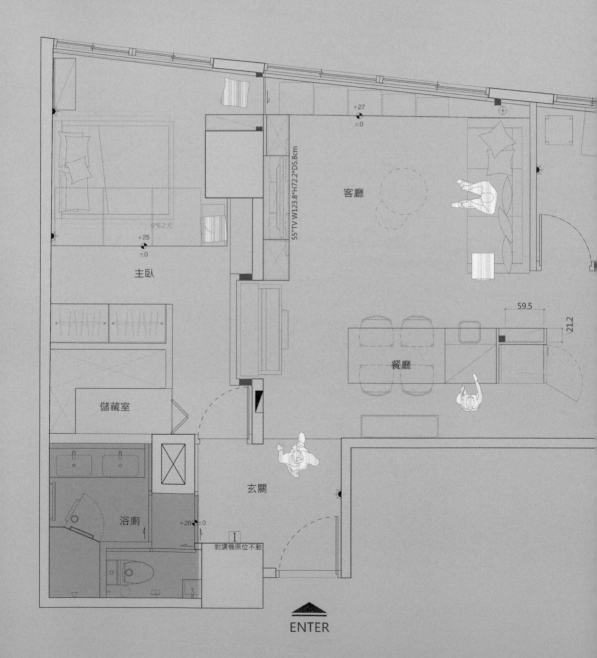

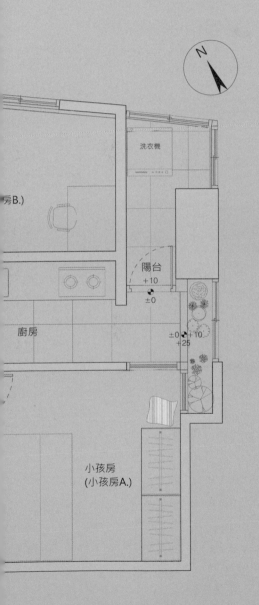

洗衣機

房B.)

陽台
+10
±0

廚房

±0 +10
+25

小孩房
(小孩房A.)

圖片提供／日作設計

浴室空間配置的原則涉及多個要素，這些要素可以根據個人的需求和空間的特點進行調整，並依浴室的大小和使用需求，將空間劃分爲不同的功能區域，如淋浴區、浴缸區、洗手檯區等，合理的功能分區可以提高浴室的使用效率。

Part 1

影響浴室設計
的元素

以往浴室空間被人們視爲角落空間，擁有基本洗浴、如廁功能卽可，現代隨著新型態的生活理念，透過穿透性質材、寬敞的潔淨空間、美好的設備，提升空間舒適度。浴室空間也與其他空間互動，如臥室、更衣間，藉由動線串聯，打造更完整的儀式感日常。

使用者人口結構

POINT 1

人數少享有機能最大化

對於單人住宅來說，不需要考慮與人共用，若是坪數充足，衛浴能享有更寬敞的空間尺度，甚至滿足衛浴空間儀式感畫面，加入陽光與植物，營造自然沐浴療癒一天的勞累。浴室不再是陰暗角落，馬桶、淋浴、洗手檯、浴缸的區塊分界更爲分明，以模糊走道與空間的手法，讓使用機能與日常動線緊密結合。對於小家庭來說，單間浴室需增加使用效率，透過獨立的淋浴區與泡澡區，以輪流使用的方式，同時容納多人一同使用浴室空間。

此爲小家庭住宅，雖然僅有一間衛浴，洗手檯、馬桶、淋浴間以及長度 130 公分的小浴缸等設備完善，區分乾濕區可同時使用，或者洗浴時，兩夫妻一人帶著孩子泡澡，一人淋浴。圖片提供／日作設計

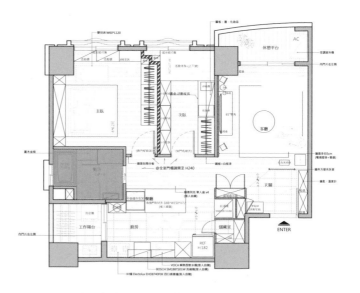

此案為單人退休宅，分配更多空間給予衛浴，也藉由陽光植景的營造達到放鬆的體驗，衛浴不再只是角落盡頭，藉由視線的穿透達到延續感。圖片提供／日作設計

POINT 2

根據性別年齡劃分細部設計

家中有較多成員時，從性別、年齡上會有許多不同的需求，若家中能配置三套以上衛浴，可以設置男女專用的浴室，以空間區分男女清潔與保養品的收納，男用浴室還可以裝設小便斗，作為客廁供訪客使用也十分便利，女用浴室需要更多隱密性，增設內外門保持家人之間彈性使用。家中若有長輩，建議配置一間與孝親房相鄰的浴室，去除門檻方便輔助器或輪椅移動，淋浴間可裝設輔助把手，或者座椅平台，將無障礙設施自然融入設計中不僅美觀，也是照顧長輩生活的尊嚴。

此屋為六人使用空間，主臥衛浴為業主夫妻使用，另外兩間浴室正好給予兩男兩女使用，分為男廁與女廁，男廁因應需求配置小便斗。圖片提供／日作設計

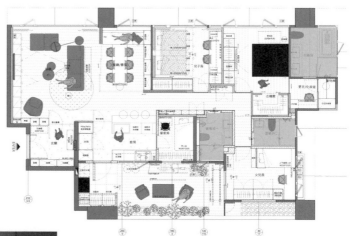

長輩使用的淋浴間可安裝輔助把手，若需要坐著洗澡，可以安裝無障礙折疊椅，或者設計固定式的平台，能當坐椅也可擺放清潔用品。圖片提供／日作設計

POINT 3

以面盆尺寸界定彈性機能

小家庭若有孕育新生兒的需求，可以彈性利用面盆，作爲嬰兒洗浴區，建議挑選較大、較深、可以蓄水的面盆，盡量避免挑選歐式的淺面盆，較大的面盆也方便清洗孩子的衣物，嬰兒的高度約 50 ～ 60 公分，總寬度建議挑選 80 公分、深度 12 ～ 15 公分的面盆，並且需注意水龍頭位置，避免使用時碰撞。有的小家庭空間充足，能配置客廁與主衛浴，建議以通風良好的浴室作爲主要使用，另一間則爲輔助使用，也能配置較小的面盆。

有配置兩間衛浴的小家庭，無論客廁或主衛浴，建議選擇通風良好的浴室作爲主要使用，若有預算與空間考量，能以大小面盆配置主要與輔助的浴室空間。圖片提供／王采元工作室

POINT 4

家有長輩與小孩首重安全性

四口以上或三代同堂的家庭，若家中擁有充足的坪數，適合每人配置一間浴室，如同單人住宅的浴室概念，但多間廁所清潔維護的繁瑣也需做考量。有小孩與長輩的家庭則是要考量安全設置，淋浴區的可安裝輔助扶手、壁面固定式座椅，以及採用表面較多凹凸紋理的止滑地磚，建議選擇上釉面的產品，以便刷洗清潔，並且可做單向洩水坡，較利於排水，減少濕滑的危險。或者能爲喜愛泡澡的長輩，設置環繞於浴缸高度的置物平台，以及淋浴龍頭可以設定上下兩個高度的固定座，或者選擇可彈性移動性的機能。

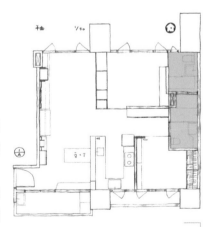

主臥室衛浴爲無障礙廁所，裝設輔助扶手以及淋浴座椅平台。鏡櫃與浴櫃做搭配，收納齊全，馬桶前方浴櫃退縮，爭取更舒適的如廁空間。圖片提供／王采元工作室

長輩使用的浴室需加入無障礙考量，面盆下方的浴櫃往內退縮，方
便日後使用輪椅，寬大的淋浴間，兩個人也很舒適。另外整面鏡櫃
可收納許多瓶罐。圖片提供／王采元工作室

坪數

POINT 1

管道的整合更有效分配空間

中小型坪數空間的浴室規劃更精打細算，也許需要調整浴室尺度讓渡給日常生活空間，此時
能以主要與輔助浴室的概念進行規劃，依照能分配的空間大小配置合適的衛浴設備。若是平
面上既有浴室管道的已整合在一起，能藉此開闊兩個面向的浴室使用，公共區的客廁與臥室
中的主衛浴，依循通風或需求性分配尺度，通常的考量因素如客廁大多僅使用馬桶功能，可
規劃爲占地較少的半套衛浴，如果規劃無障礙浴室，則需要較大的空間讓輪椅或行走輔助器
進出，適合配置於長輩套房中，以便移動。

原本三房的格局，讓格局單純化，隨著主臥中書房區保留為日後看護房的彈性，在有限的坪數下將客廁改為半套，加大主臥廁所，符合業主需要的無障礙使用。圖片提供／王采元工作室

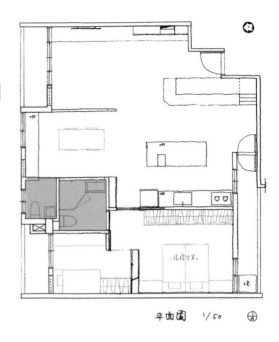

平面圖　1/50　⊕

POINT 2

複層需滿足臥室層的浴室數量

通常複層房屋會以樓層區分公私領域，已由建商配置好每層的浴室，公共空間樓層配置一浴室便能符合需求，私領域樓層則是依使用人數或房間數規劃，若家中有五人，配置兩間浴室即足夠使用，遇到尖峰時期，能搭配公共空間樓層的客廁使用。除非遇到使用度非常低又狹小的衛浴，讓偶爾回來的親戚家人使用，或者供朋友借宿，能短時間內包容使用，在最有效率運用空間的原則下進行改造，讓與面盆相鄰的馬桶轉為斜向，重疊前方的使用空間也不影響出入動線。

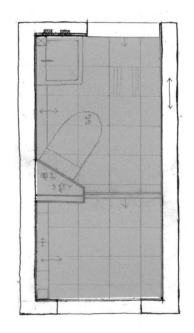

此頂層浴室非慣用廁所，希望在最小預算下維持隔間進行改造。舊馬桶外緣離牆壁50公分，過於侷促，因此將馬桶打斜，爭取如廁與過道舒適尺度，並更換壁出式馬桶，降低地面高度提高舒適度。圖片提供／王采元工作室

POINT 3

多人配置需考量尖峰時段

家中若是中小坪數，人數又較多時，要多方衡量需求，在廁所間數與其他空間功能之間做取捨，當最終只能設定一間廁所時，拆解浴室功能是最常見的方法，最常見的是獨立出如廁區或是洗手檯，可以是三件式或四件式的組合，目的都是讓多人輪流或同時使用。浴室的使用時間總有尖峰與離峰期，早晨梳洗與夜晚洗浴是最容易搶廁所的時段，設定多個面盆、獨立出如廁區，或是同時設有淋浴區與泡澡區，都能有效解決痛點。

此案全家共用同一套衛浴，因此將衛浴功能拆開來使用，並在淋浴區設置兩個大的雙面盆，廁所則是配置一個輔助小面盆，早晨大家一起擠廁所時能讓三個人一起刷牙。圖片提供／日作設計

POINT 4

大尺度空間著重提升生活細緻度

對於 30 坪左右又有四人以上使用的空間，必須提高單一衛浴的使用效率，而空間坪數更大時，主衛浴的尺度能放大至 1.2 倍，可完善功能的方方面面，給予寬敞的淋浴間，安置療癒的獨立缸，馬桶與面盆也可以舒適尺度做出精緻感，享受飯店式的質感。尤其獨立於浴室空間外的面盆與龍頭，可挑選雕塑感的產品，展現屋主獨特品味，既是空間亮點，也讓面盆的功能延伸至公領域，提供剛入門的賓客或家人洗手清潔，或是泡茶的輔助沖洗。

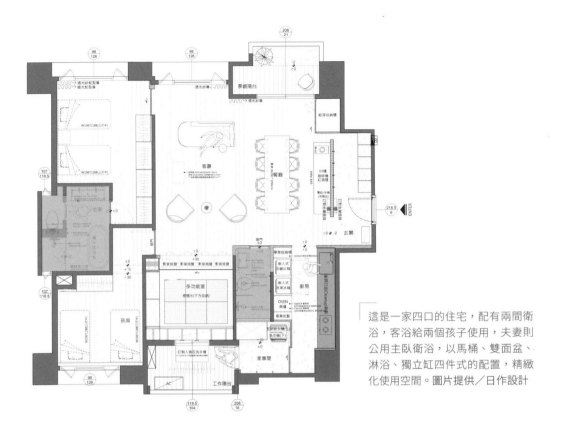

這是一家四口的住宅，配有兩間衛浴，客浴給兩個孩子使用，夫妻則公用主臥衛浴，以馬桶、雙面盆、淋浴、獨立缸四件式的配置，精緻化使用空間。圖片提供／日作設計

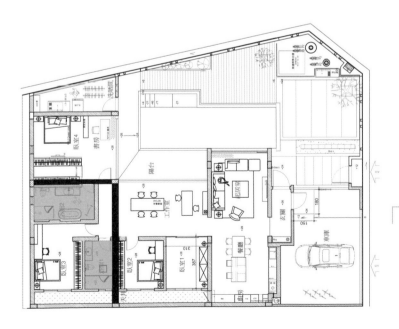

大坪數空間能允許擁有更寬敞的浴室使用，尺度能放大至 1.2 倍，滿足各種設備獨立使用，利用空間的餘裕帶給生活質感。圖片提供／日作設計

生活習慣 & 特殊偏好

POINT 1

更衣相鄰衛浴合乎使用動線

家中的空間看似以區塊各自獨立，實際上與週邊機能互相延伸，能創造更便利有質感的生活。浴室的機能延伸與更衣間、臥室做結合，早上起床刷牙、保養、化妝、著裝，晚上卸妝、取衣洗澡後再回到臥室中就寢，與洗漱習慣、更衣動線緊密相關。若空間條件允許，還能一同串聯工作陽台，讓洗衣、曬衣的家務動線更為便利。此種現代新型態的串聯使用，需更重視空間濕氣的調控，衛浴徹底做到乾濕分離，機器設備也須跟上。

此案串聯淋浴區、如廁區、梳妝區與面盆、衣帽間與工作陽台，讓晨起梳洗更衣、洗浴或是洗衣曬衣動線更流暢，盥洗與家務都更便利。圖片提供／日作設計

POINT 2

雙門片的彈性機能運用

功能經拆解的衛浴空間能滿足多人同時使用，而套房內的分離面盆功能的浴室，利用期間的過道空間加裝內外門扇，因此能自由切換為雅房，以另一種形式滿足公私領域的使用。這樣的設計十分適合運用於長輩的房間，套房的形式方便行走輔助器與輪椅鄰近使用，作為雅房時可以是客浴，或輔助的浴室功能，避免尖峰時段家人們搶廁所。雙門的設計對於長輩來說也能隔絕噪音，其中一人起身如廁或到廚房喝水，能關上內側門，降低沖水音量。

孝親房相鄰的浴室設計內外兩道門，作為彈性套房使用，洗澡後就寢動線也較為方便，打開對外的門，提供公共空間的人使用。圖片提供／日作設計

POINT 3

乾區尺寸潛藏使用的眉眉角角

一家人使用浴室，濕區首重安全性，乾區則是依據個人的習慣而有不同細節，有的人喜歡在如廁或泡澡期間看書、使用 3C 產品，衛生紙的偏好也分捲筒式、抽取式或平板式，這些隨時需取用的物品，需有觸手可及的置物平台。有人習慣擺放清潔與保養產品於浴室中，最常見以以鏡櫃的形式作收納，鏡櫃的高度與面盆連動，避免開啟龍頭撞擊鏡櫃，同時鏡子能照到臉部與脖子。面盆更細節的需求還有不希望龍頭出水下方爲排水口，避免髒汙飛濺，距離太近則容易洗手時觸碰盆壁，因此挑選出水深度適合的龍頭產品很重要。

業主有較多電器與瓶罐收納需要，因此以鏡櫃搭配浴櫃滿足收納需要。需留意鏡櫃與下方面盆的距離，避免卡手或者不洽當的照鏡子高度。圖片提供／王采元工作室

POINT 4

浴缸挑選需留意材質耐候性

有些浴室配備泡澡功能，大多是使用者有放鬆的需求，充足的空間不僅是考量浴缸尺寸的大小，也滿足使用情境的儀式感。而嵌入式、半嵌入式與獨立式浴缸都有不同細節需留意，防水、安裝尺寸、冷熱水線銜接等等，材質上若考慮木製產品，由於台灣氣候在維護上不易，建議選擇小量體如檜木泡腳桶，除濕與清潔做到位，以防黴菌附著。另外也有德製鋼板浴缸，堅固耐候的材質適合在戶外使用，甚至能結合戶外活動，作為炭烤盆烤肉，烤完能直接沖洗。

鋼板浴缸能擺放於戶外使用，加上柚木實木蓋板，也可當桌面使用，柚木搭配特選的磁磚飾板，即使不泡澡也很好看，為了隱私，還特別安裝了戶外遮陽棚，泡湯時可將遮陽棚拉出。圖片提供／王采元工作室

Part 2

格局與坪數、尺度的關係

浴室的格局與坪數、尺度之間存在密切的關係。尺度決定了浴室的實際空間大小，包括長、寬，這些尺度會影響到浴室的格局設計，因為每個設施（浴缸、洗手檯、馬桶、淋浴間）都需要有基本的配置尺寸。另一方面，坪數則是尺度的延伸，一般來說，坪數愈大，在格局設計上的選擇就越多，若空間有限，則著重於有效配置浴室設備，創造出既實用又舒適的衛浴。

浴室設備尺寸規劃

住宅浴室的尺寸規劃與設計，考量因素包括：是否有泡澡需求、空間大小、以及使用者的便利性。一般住宅多選擇規劃淋浴間而非浴缸，尤其適合熟齡族群。此外，浴室設計時應以人為本，不僅要考慮人體尺寸和活動範圍，還需依照業主過往的使用經驗進行調整。由於國人平均身高提升，洗手檯的高度亦需相對調整。同時，馬桶設備的配置也需考量寬度和深度，以確保使用者的舒適度。

◎ 淋浴間

現在多數住宅如果沒有泡澡需求、加上坪數有限，多半浴室會選擇規劃淋浴間、而非浴缸，尤其面對熟齡族群，淋浴間相對比浴缸來得方便實用。淋浴間為一人進入的四方空間，考量一般人肩寬為 55 公分，洗浴時會有手臂動作、彎腰等行為，再加上淋浴拉門的人造石止水門檻、門片等，以最小淋浴間來說，建議至少都要有 90×90 公分 (包外含淋浴拉門)。

90cm

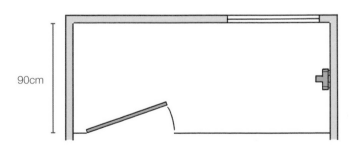

90cm

◎ 浴缸

一般浴缸標準的尺寸爲 70×140 公分，因此如果要配置浴缸，需考量空間長度是否足夠，一種情況是空間長度受限於管道間，未足 140 公分，這樣就不建議規劃浴缸。另外，浴缸邊緣到馬桶或是洗手檯之間，也應預留 20 公分左右的距離，避免過於壓迫擁擠。

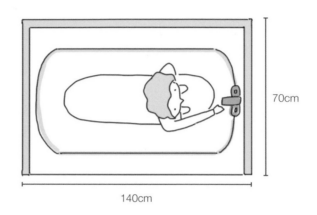

◎ 洗手檯

設計應以人爲本，一般人肩寬爲 55 公分，使用面盆行爲包含刷牙、洗臉，手肘活動範圍較大，洗手檯寬度至少還是要留到 60 公分，另外避免將面盆太過貼牆設計，左右預留張開手臂的寬度。至於洗手檯高度，按照人體工學標準爲 85 公分，不過隨著國人平均身高提升，多半會微調增加 5 公分左右，所以設計師在初期規劃溝通時，應該仔細了解業主過往使用經驗，尺寸過高或過低都會造成不適。

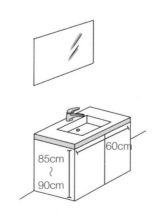

◎ 馬桶

馬桶設備本身寬度大概落在 45 ～ 55 公分（電腦免治馬桶多為 55 公分），深度 70 公分左右，但使用馬桶行為是跨坐，加上可能還需要擺放垃圾桶、安裝沖洗器等等，因此建議以馬桶中心為基準的話，左右都必須有 35 公分淨寬。除此之外，馬桶前方也需要至少留出 70 公分的迴旋空間，行走、轉身坐下才不會覺得擁擠。

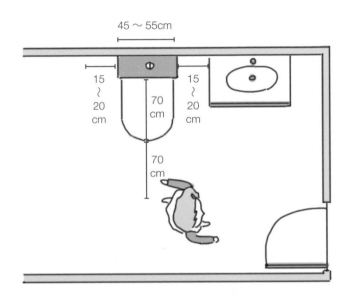

◎ 淋浴門

淋浴門為乾濕分離浴室所必備，單一片門不得小於 70 公分的前提下，總寬度超過 140 公分的淋浴間，建議應以一字橫拉門為主，但若總寬度不足 140 公分，則應選擇一字三片型淋浴門，進出動線尺度才會感到舒適。另一種做法是採用向外開門的方式，但注意出口前方必須留出至少 60 公分的迴旋空間，避免開門打到馬桶。

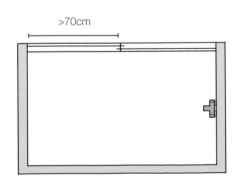

◎ 浴室門

一般建商配置的浴室門多數是平開式設計，含框尺寸落在 75 公分，建議寬度不要小於 75 公分，太窄反而進出會很困難、壓迫，另外如果浴室空間狹小，門片一推就撞到面盆，或是家中有行動不便者，建議可改為橫拉門片形式，考量日後有輪椅使用需求的話，橫拉門開啟後的淨寬也至少要有 80 公分。

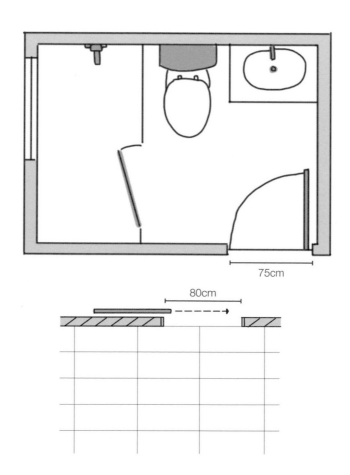

半套式衛浴

半套式衛浴通常不包含淋浴間，爲結合馬桶與洗手檯，甚至僅有馬桶的設計，以台灣常見2～3房的空間配置，常見主衛搭配客衛，或者是因爲使用習慣希望能增加浴室，但又不需要每一間都擁有完整的配置，通常就會刪減淋浴空間，改爲僅剩如廁與洗手功能，優點是可以有效地利用空間，尺寸規劃得當依舊能達到舒適和實用。

形式 1

將馬桶獨立規劃一間，與洗手檯採用二進式的動線設計，優點是可以各自使用、互不干擾，不過由於還有隔間牆、門片厚度，是半套衛浴中較佔空間的設計。另外，台灣業主多半還是習慣清洗馬桶，當馬桶獨立時，須審慎規劃龍頭、落水頭位置，不過同時也會增加裝修成本。

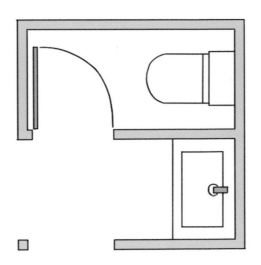

形式 2

洗手檯和馬桶皆規劃於同一空間，這是最省空間的半套衛浴設計，只要搭配小空間馬桶尺寸、縮減馬桶總長度，搭配寬度與深度較小的壁掛面盆，就能滿足盥洗如廁，但要注意的是，小面盆在洗臉時容易有濺水的問題。除此之外，建議選用橫拉門取代平開式門片，進出動線會更舒適。

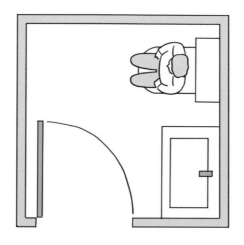

形式 3

如果想要進一步精簡半套浴室的坪數，也可以選擇結合洗手器的馬桶，這樣就能省去面盆設備的空間，但要注意的是，考量使用馬桶的行為模式，馬桶前端建議至少還是有 70 公分。

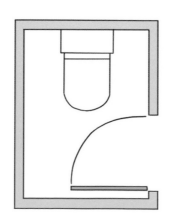

三件式衛浴包含了馬桶、洗手檯和淋浴間或浴缸，這樣的設計有多種優點。首先，三件式衛浴可使空間功能分區明確，使用者可以同時使用，提高了衛浴空間的使用效率。其次，三件式衛浴設計可以根據家庭成員的需求進行調整，例如可以選擇不同的洗手檯高度、馬桶尺寸或淋浴間設計，以達到最佳的使用體驗。此外，三件式衛浴的配置方式也增加了設計的靈活性，可以根據衛浴空間的大小和形狀，選擇最適合的佈局方式。

形式 1

這是最普遍的三件式衛浴配置，馬桶、洗手檯、淋浴間採取並列的方式，淋浴間規劃橫拉門，根據使用頻率，馬桶和洗手檯會在靠近門口的位置，如果開門後的淨寬較短，因馬桶所需預留深度較大，通常會選擇先配置洗手檯。

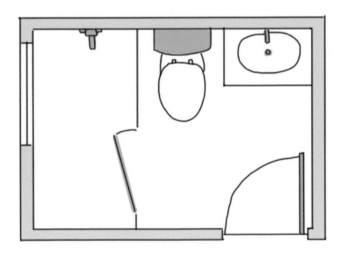

形式 2

長形衛浴的三件式配置還有一種情況是，浴室門片設置在中央，這樣是最省坪效的作法，但要提醒如果遇到管道間，考量淋浴比使用面盆需要更大的空間，因此建議管道間旁可規劃面盆、而非淋浴間。

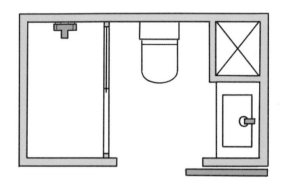

形式 3

將淋浴區、馬桶和洗手檯規劃為二進式動線，相較於全部並列的設計更實用，就算家人在洗澡、還是可以刷牙洗臉，如果家中只能有一間浴室的話，很適合配置成這樣的形式。

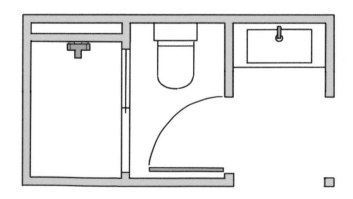

形式 4

在方形浴室，由於空間深度和寬度尺度相同，馬桶、洗手檯和濕區無法並排，因此馬桶和洗手檯必須相對，縮減使用長度。另一種配置是方形角落搭配五角形淋浴間、圓弧淋浴間，洗手檯和馬桶分別於淋浴間兩側，視覺上相對較為寬敞。

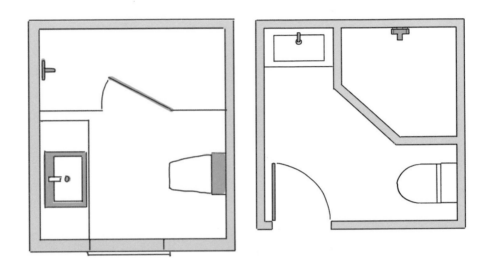

形式 5

將馬桶、淋浴區、洗手檯三件式衛浴作各自獨立的設計，此為日本住宅常見設計，每個衛浴設備都能單獨使用不受干擾，很適合居住成員超過 3 人以上，但受限空間只能規劃一間衛浴的家庭，提高使用率。不過缺點是因為機能各自獨立，隔間牆、門片費用相對較高，而且因為還要考量隔間厚度，所需要的空間也會比較大。

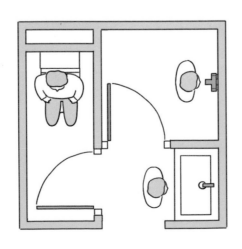

四件式衛浴包含馬桶、洗手檯、淋浴區與浴缸，通常至少需要有 2 坪以上的空間，如果希望能提高設備使用坪效，改爲雙洗手檯、馬桶和淋浴區也分別獨立規劃，所需坪數也至少要有 3 坪以上才會比較舒適寬敞。

形式 1

四件式衛浴常見配置爲淋浴、浴缸整合在一起，馬桶和洗手檯根據空間格局並列或是分布於兩側牆面，好處是淋浴後可以直接跨入浴缸泡澡，也完全達到乾濕分離的設計，若坪數許可的條件下，還會搭配雙洗手檯，兩人可同時使用。另外亦可以選擇將馬桶獨立劃設，視覺上達到遮擋，也滿足三人以上分別使用的可能性。

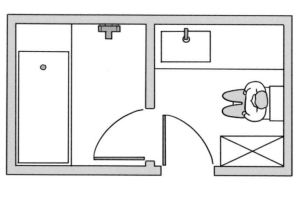

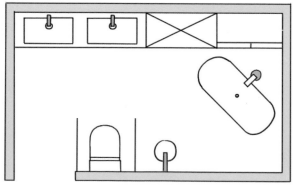

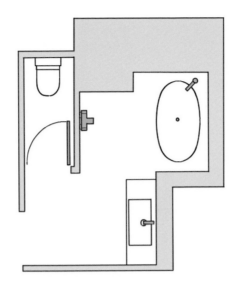

形式 2

四件式衛浴的最高等級配置，淋浴間和馬桶各自能獨立使用，通常大坪數主臥會採用此種佈局，並連結更衣間設計，創造出二進式或是環繞式動線，而獨立淋浴間還可以結合蒸氣設備，滿足居家 SPA 需求。

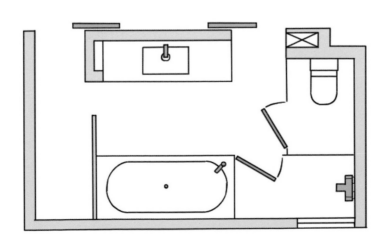

Part 3

微型住宅浴室
格局升級法

微型住宅當道，要在有限的空間內滿足生活機能，格局的配置就更為重要，在設計空間格局時，從業主家庭的人口結構、使用習慣出發，才能讓居家空間透過設計變得更好住。除了基本的乾濕分離之外，也可彈性調整洗手檯的位置，像是與公共領域結合，從空間設計分流日常的動線；或是在已有一套衛浴的前提下，新增半套衛浴，使生活起居更加有效率。

POINT 1

洗手檯拉到公領域，刷牙上廁所互不干擾

微型住宅空間有限，許多小坪數建案的初始配置就只有一套衛浴，光是早上洗漱就必須爭搶同一個空間，若將洗手檯拉到公領域，使衛浴空間只剩下馬桶與淋浴間，在動線上就能達到分流的效果，公共空間也會顯得更加開闊。將洗手檯從浴室獨立出來的做法，除了切分使用空間之外，也為洗手檯區域爭取了更大的檯面空間，連帶擴充浴櫃的施作空間，解決微型住宅衛浴的收納問題。

原有的衛浴空間若將洗手檯納入，空間將顯得擁擠狹小，合砌設計將洗手檯配置
於公共領域，使洗手檯獨立出來，並位於通往廁所的動線上，並利用細條磁磚、
水磨人造石、木紋板等不同的材質，堆疊空間的細節。圖片提供／合砌設計

POINT 2

取消主衛整併客衛，共用大衛浴

微型住宅居住人口單位小，取消主衛浴將空間整併到客衛，也不失為一個解法。不過合砌設計徐俊福設計師與十一日晴張瑋心設計師均提醒，「取消主衛浴，整併客衛浴」的做法，必須回歸到空間居住人口的結構與需求上，若空間只有夫妻兩人，這樣的做法就可以換取更大的生活空間，但若居住者是一家四口，共用一套衛浴在日常生活中，就可能感到不便，與業主充分溝通、了解其生活習慣，才能提出最好的設計對策。

衛浴屬於機能性空間，若經過評估一間衛浴就能滿足所有居住者的實用需求，在平面圖上就可將原本的主臥衛浴空間刪除，如此一來可使主臥的空間得到擴充，少一套衛浴也能在預算上減少業主的壓力。圖片提供／合砌設計

POINT 3

1+0.5 套衛浴概念，提高坪效

微型住宅空間若爲 2 人以上，若只有一間衛浴，在日常洗漱時就得輪流排隊使用，若空間允許可以增加「0.5 套」衛浴，意卽在原有的一套衛浴（包含洗手檯、馬桶、淋浴空間）之外，增加另外一個僅配置「馬桶＋洗手檯」的衛浴空間，減去了淋浴空間不僅達到提高坪效，還解決了使用時必須排隊的問題。規劃出這「0.5 套」的衛浴空間，平時也可作爲客衛使用，讓公私領域的衛浴空間有所區隔，隱私性更佳。

以 1+0.5 套衛浴設計的概念，運用在微型住宅中，旣不需增加到一套完整的衛浴空間，又可以在生活層面提升居住者的生活品質，0.5 套衛浴空間內仍可配置淋浴設備，必要時可充作一般的衛浴空間使用。圖片提供／合砌設計

Part 4

豪宅浴室設計
必備要素

在打造豪宅浴室的藍圖中，尺度與細緻度始終是關鍵。衛浴空間不僅是功能區域，更是品味與奢華的象徵。洗手檯、浴缸區域的設計，衛浴空間與房間兩個空間的互動性，都是可以著重設計的思考面向。衛浴空間從格局、材質、設備，到燈光，可以層層疊加相互呼應，以設計呈現主人不凡的品味與氣度。

格局配置

POINT 1

乾濕分離與功能分區

豪宅衛浴的格局配置應該明確區分乾濕空間，例如淋浴間、浴缸區和洗手間應有清晰的分隔，同時確保功能區域被合理地規劃。衛浴空間除了包含面盆、馬桶、淋浴區的 3 件式衛浴之外，主臥衛浴若空間條件允許，建議規劃爲包含面盆、馬桶、淋浴區、浴缸區域的 4 件式衛浴，並爲不同的區域劃分單獨的空間，確保使用時的隱私與舒適度。

豪宅衛浴空間，講究使用感受與空間感，包含面盆、馬桶、淋浴區、浴缸區域的 4 件式衛浴的配置規劃，能讓機能區域具有獨立性，就算兩人同時使用空間，也依舊能感到寬敞舒適，並同時保有隱私。圖片提供／尚藝室內設計

豪宅浴室需要重視空間尺度與動線的規劃，以及在彈性使用與隱私上的考量，規劃獨立的馬桶間、淋浴間、雙面盆，將浴缸區域獨立出來，讓豪宅為與的尺度得以顯現。
圖片提供／大雄設計

POINT 2

考量空間互動與流動性

豪宅衛浴的格局配置應該考慮到空間的流暢性和流動性。尚藝室內設計總監兪佳宏指出，豪宅衛浴設計規劃可從衛浴空間與房間兩者間的互動性切入思考，像是穿透式的設計，從房間可以看到衛浴，或是讓衛浴空間與室外的景觀結合，增加空間的層次感與開放感，提升使用時的氛圍與感受。流動性也體現在使用者在衛浴空間內的移動與使用上，詳盡地了解業主使用衛浴空間的習慣，並融入動線設計中，同樣可提升入住後的使用滿意度。

豪宅具有基地廣闊的條件，在空間尺度上可大幅獲得釋放，設計開放的空間讓衛浴與主臥房連結提升，利用獨立浴缸區作爲中介空間，讓視覺端景更加豐富。圖片提供／大雄設計

增加動線的多樣性，沐浴、泡澡放鬆的過程更添儀式感。尚藝室內設計爲獨立浴缸區設立了雙重動線，一則可由主臥衛浴通往浴池，二則可從主臥房區進入，同時也創造寬闊的視野，讓泡澡卽享受。圖片提供／尚藝室內設計

POINT 3

放大設備尺寸與空間佈局

豪宅衛浴格局配置需要考慮空間的佈局和尺寸，確保不同區域的尺寸大小合適，藉由充足的空間提供舒適的使用體驗。雙面盆的配置，是豪宅空間中的標準配備，藉由寬大的檯面呈現不凡的氣勢，雙面盆檯面長度建議在 180～200 公分以上，可搭配石材、原木等材質，突顯量體之於空間的存在感，有了寬大的檯面，鏡子的尺寸也可隨之放大，讓視覺感受更加彭湃；淋浴空間則建議設定為 120×120 公分，讓使用者有足夠寬敞的空間進行沖淋。

雙面盆配置，從機能面切入可讓居住者在生活實際使用上，不會彼此干擾，同時能為空間提供精緻、奢華的視覺感受，搭配大面的鏡子，更能顯現豪宅衛浴的尊爵不凡。圖片提供／尚藝室內設計

豪宅衛浴擁有寬敞的空間條件，因此在淋浴空間的尺寸規劃，可放大考量，一般衛浴空間尺寸約爲 90 X 90 公分起跳，豪宅空間可將尺度放大到 120X120 公分以上甚至更大的規格，以面積創造氣勢感。圖片提供／大雄設計

POINT 4

彰顯獨特性的空間配置

在豪宅衛浴的空間中，除了機能之外，具有獨特性的設計，更能展現設計與寬大的空間尺度，像是獨特的浴缸設計，便是爲主臥衛浴空間，提供特殊氛圍的重要元素，不同於傳統的浴缸，豪宅衛浴更傾向於融入奢華感與功能性。設計上，具有工藝美感的浴缸，可做爲視覺上的焦點，也可透過特殊的照明，或是將位置安排於有景觀的區域，利用特殊的設計使浴缸不僅是提供舒適的浸浴空間，更成爲豪宅衛浴空間中吸引眼球的亮點設計，增添奢華感與獨特性。

獨特白色蛋型浴缸放置於落地窗旁，成爲主臥衛浴的焦點元素。浴缸的設計與工藝，結合燈光或景觀，可營造特殊的氛圍，增添空間的獨特魅力，突顯豪宅主人的高雅品味。圖片提供／大雄設計

獨立浴缸區，不僅可滿足泡澡的機能，選擇造型獨特的浴缸，能創造衛浴空間的視覺焦點，尚藝室內設計選擇古銅色的貓爪浴缸，爲空間注入復古時尚的氛圍。圖片提供／尚藝室內設計

材質設備

POINT 1

天然材質與紋理

要增加豪宅浴室的細節，可從材質面下手，尚藝室內設計總監俞佳宏指出，天然石材的紋理，可讓空間自然地流露出奢華感，選用時必須注意石材的特性，建議選擇石英石、花崗岩等，毛細孔小、不易受潮、吃色的石材，作為檯面或是立面區域的貼飾材質。也可選用大塊的原木，讓材質本體提升視覺的份量感與張力，創造豪宅衛浴的獨特性。

要顯出豪宅衛浴的氣勢與質感，洗手檯檯面與立面鏡子的設計，可創造衛浴空間的視覺張力，雙面盆設計搭配大面的鏡子，除了映照出空間的材質細節之外，與燈光的搭配，也讓空間的層次感被疊加。圖片提供／尚藝室內設計

藍灰色的天然石材，可藉由其自然的紋路與肌理，呈現高雅時尚的視覺效果。洗手檯檯面選擇灰色系的石材，搭配具有線條感的門板，讓浴櫃的量體存在被突顯。圖片提供／大雄設計

POINT 2

金屬與其他材質增加層次感

金屬裝飾之於空間，可讓空間的層次感加乘，大雄設計總監林政緯表示，可在衛浴空間中，加入鍍鈦金屬的裝飾，再搭配同色系的衛浴五金可以讓空間的質感提升、更有整體性。濕區可採用不同面感的磁磚（亮、霧）相互搭配，或是局部加上天然大理石的自然紋理，達到點綴鏡面，使玻璃呈現虛實的反射效果，讓衛浴空間更具氛圍。

鍍鈦金屬本身的材質與顏色，可讓衛浴空間增添時尚俐落的氣息。局部使用鍍鈦金屬加上燈光設計，與空間中的其他材質，例如石材、磁磚…等搭配，能構築豪宅浴室畫面的精緻感。圖片提供／大雄設計

與主臥衛浴空間結合的獨立浴缸區，以泥作的方式砌出浴池，創造如 Villa 般的度假氛圍，立面空間選用具有線條紋理的磁磚，搭配天然石材，以壁龕的方式呈現，同時也增加置物空間。圖片提供／尚藝室內設計

POINT 3

具高端工藝的衛浴設備

在豪宅設計中，選擇高端工藝的衛浴設備，是營造奢華感與提供舒是體驗的重要一環。像是恆溫雙水龍頭，可精準掌控水流的溫度，產品本身也戴有工藝設計的美感；或可選擇具有按摩功能的浴缸，讓沐浴體驗達到舒緩壓力的效果，這些設備融合先進的技術與優雅的設計，除了為居住者帶來極致放鬆地享受之外，也提升了空間品味與生活質感，顯出豪宅衛浴設計的精緻度。

浴缸本身具備工藝設計之美，圓弧的線條在空間中自然成為視覺的焦點，擺放的位置結合戶外觀景區，讓使用時除了泡澡的享受之外，視覺也能欣賞戶外的綠意，模糊室內外的界線，感受場域的寬闊。圖片提供／尚藝室內設計

豪宅衛浴通常也配備了高端品牌設計的衛浴五金，像是水龍頭、淋浴花灑，本身就具備工業設計的美感元素，不同的金屬色龍頭，與衛浴空間的貼飾材質搭配，能帶入淋浴空間的精緻感。圖片提供／大雄設計

POINT 4

讓居住更舒適的配備

除了寬大的空間、獨到的設計外，可藉由科技配備提讓生活的體驗升級，在衛浴空間鋪設地暖系統，可為空間帶來溫暖的溫度，同時杜絕潮濕的問題。許多豪宅衛浴也會配置電熱毛巾架，讓隨手取用的毛巾帶有溫暖的觸感；另外也可視業主的需求配置智能馬桶、防水電視、防水音響等設備，以智能科技讓衛浴空間的機能不只完善，還更細緻貼心。

既然是豪宅衛浴空間，在生活細節上就必須更注重，電熱毛巾架除了有烘乾毛巾的功能外，也能讓隨手取用的毛巾具有溫暖的溫度，從微小的細節展現對於居住與生活的講究態度。圖片提供／大雄設計

暖風機是豪宅浴室不可或缺的配備之一，尤其在寒冷季節可讓浴室保持溫暖。配置暖風機可驅散潮氣、避免霉菌，或者搭配地暖，為居住者打造舒適的衛浴環境，提升整體居住體驗。圖片提供／大雄設計

POINT 5

自然通風的配置設計

衛浴空間的通風設計，是提升空間舒適度的關鍵，針對坪數較大的衛浴空間，可配置高效靜音的新風空調系統，並將出風口做隱藏式的設計，設備能即時將濕氣與汙染物排出，確保空氣清新乾爽。此外，考量到冬季的保暖需求，暖風機也是豪宅衛浴的標準配備，讓衛浴空間內的空氣溫暖舒適，防止潮濕、寒冷對於衛浴空間的影響，使居住體驗感更好。

暖風機是豪宅浴室不可或缺的配備之一，尤其在寒冷季節可讓浴室保持溫暖。配置暖風機可驅散潮氣、避免霉菌，或者搭配地暖，為居住者打造舒適的衛浴環境，提升整體居住體驗。圖片提供／大雄設計

家具軟裝

POINT 1

具氛圍感的照明

照明設計是創造豪宅衛浴氛圍感的重要元素，在設計配置時建議可融合自然光與人工照明，利用防水的暖色調的 LED 燈或壁燈，搭配適度的結合間接照明的設計，使空間更加柔和。燈光可配置於鏡子周圍，一來為了功能性考量，確保使用者在化粧梳洗整理時有足夠的光線，二來為空間創造層此感與氛圍，此外也可設置可調節亮度的照明系統，讓使用者可依據自身需求，調整光線的強度，創造放鬆舒適的衛浴空間。

燈光如同空間的魔術師，能渲染空間的氛圍，尚藝室內設計將美術館陳列藝術品的方式，融入洗手檯與面盆的設計，調整燈光的方向，讓畫面呈現如藝術品陳列般的美感。圖片提供／尚藝室內設計

鏡面結合燈光設計，使光源更柔和地暈開，使深色系的衛浴空間色調變得溫暖，夜間使用就算不開啟主要光源，也能有效地起到照明的效果，滿足洗漱時使用鏡子的機能。圖片提供／大雄設計

POINT 2

精緻單品挑選

高端毛巾和浴袍或是沐浴用品，這些軟裝配置不僅是實用品，更是爲了提供給居住者奢華的
感受。尚藝室內設計總監俞佳宏指出，有些業主會指定選用高端織物品牌的產品或是沐浴用
品，藉由品牌本身的質感與設計，讓這些生活用品爲衛浴空間增添視覺上的高級感，讓居住
者在使用時感受到品味和奢華。

除了硬裝之外，運用合適
的軟裝，如高端品牌的織
品毛巾、浴袍，籐籃等用
品，可使衛浴空間呈現溫
暖與放鬆的氛圍，打造如
同入住酒店般的奢華感受。
圖片提供／尚藝室內設計

POINT 3

香氛與蠟燭

精心挑選的香氛和蠟燭能賦予浴室一種獨特的氛圍和情感。大雄設計總監林政緯表示，別緻的香氛是視覺與味覺的雙重享受。香氛可以根據個人喜好選擇，如花香、木質調或清新的柑橘氣味，透過輕柔的香味營造出放鬆愉悅的感覺。蠟燭則提供溫暖柔和的光線，營造出寧靜和舒適的氛圍。香氛與蠟燭，搭配浴巾、室內植栽、讀物，都可以成爲體現品味的物件。

衛浴空間設計屬於視覺感官的刺激，加入獨特的香氛，有助於營造更慵懶舒適的生活氛圍，也可作爲生活中儀式感的鋪陳，點上蠟燭使香氣慢慢地釋放，讓衛浴空間更加地有情調。圖片提供／大雄設計

Part 5

熟齡浴室設計必備要素

一個優質的熟齡衛浴空間，從空間尺度、材質到協助支撐的輔助扶手都很關鍵。可從以下三個層面來探討：首先是馬桶、面盆、浴缸等基礎的生活功能，規劃的高度、尺寸是否符合人體工學的使用，創造出舒適、易操作的生活特性；第二個是針對安全性考量，特別在動線上結合支撐性輔助，例如扶手的設計；最後一個是對於輪椅的行動輔具，規劃出適合的動線、牆面與門片寬度及距離，以符合日常的居家活動。

尺寸

POINT 1

加大浴室入口寬度

一般衛浴空間的浴室入口寬度，含門框約 80 公分的寬度，大多實內徑寬約剩 75 公分；熟齡空間須考量輪椅進出動線的舒適度，如果有人推輪椅的情況，浴室入口規劃 75 公分寬度會過於剛好，操作上容易摩擦門片，建議加大至實內 80 公分以上；如果是使用者自行推輪椅的話，需規劃 90 公分的入口寬度，空間允許的話，可延展至 90 ～ 100 公分的實內寬度，以達到輪椅行進間的最佳舒適度。

出入口的門片盡量採用橫拉式，開啟後出入的淨空間不要小於 80 公分，且門口地面應保持水平，不要有高低差，如在浴室出入口，可用截水溝取代門檻來止水。圖片提供／實踐大學室內設計講師陳鎔

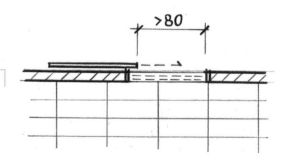

POINT 2

設備之間預留迴轉半徑

現代的居家空間越來越小，熟齡浴室要特別注意使用上的便利性與舒適度，考量輪椅在行動上的流暢度，設備之間最好預留迴轉半徑的距離；如果空間不夠大，至少規劃直進直出的流暢動線為主。此外，考量輪椅擺放與行動上的方便，馬桶前方的距離不宜過短，最好預留 100 ～ 120 公分的寬度；馬桶後牆寬度普遍 80 公分，以熟齡浴室則建議 90 ～ 100 公分的理想寬度為主，預留未來安裝扶手需求。

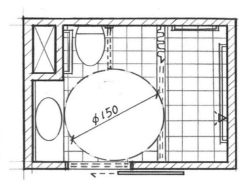

熟齡浴室的迴轉直徑建議不要小於 150 公分。圖片提供／實踐大學室內設計講師陳鎔

POINT 3

拿捏適當高度

浴室空間裡，從進出入口、馬桶、檯面都是設計扶手的絕佳位子。馬桶與淋浴區，都需要一股往上支撐身體的力道，通常以頂天立地的扶手設計作為輔助；走路行進間，手部則呈現向下將身體頂起來的力道，因此在過道牆上利用櫃體深度取代扶手設計；扶手高度設計上，會模擬使用者身高及輔助支撐的習慣來設定，例如 155 公分～ 160 公分的身高，輔手設計約 83 公分高。洗手檯面高度原則上緣以 90 公分為主，避免使用者彎腰；浴櫃下方保留輪椅空間，檯面下方懸空退縮至少保留 60 公分以上的徑高。

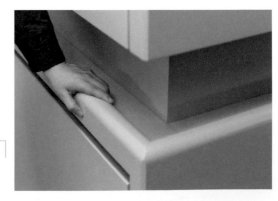

運用過道上的牆面與櫃體間深度取代扶手設計。圖片提供／演拓空間室內設計

如果是輪椅使用者的洗手檯，面盆上緣距離
地板面不得大於 85 公分，且從面盆下緣至
少 65 公分內應該淨空，才能讓輪椅順利推
入。圖片提供／實踐大學室內設計講師陳鎔

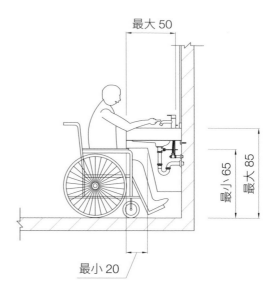

馬桶側面牆壁應裝設 L 型扶手，扶手水平
與垂直長度皆不得小於 70 公分，垂直向之
扶手外緣與馬桶前緣之距離為 27 公分，水
平向扶手上緣與馬桶座面距離為 27 公分。
圖片提供／實踐大學室內設計講師陳鎔

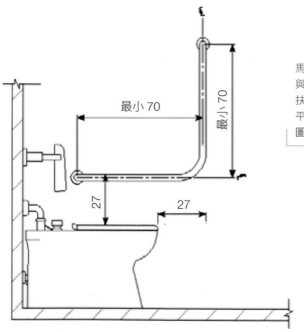

材質

POINT 1

地板防滑係數

考量衛浴空間的安全性，多會選擇具止滑效果、霧面的地坪材質，而目前市面上大部分的磁磚都擁有優質的防滑性，是衛浴空間很好的選擇。但在選擇的同時，需同時考量避免使用過於粗糙肌理的磁磚面，容易造成卡汙垢、不易清潔維護等問題；避免挑選亮面磁磚，若防滑效果有限的磁磚，會盡量使用於乾區，不會有水濺出來的區域；在淋浴區的地磚會採用馬賽克或造型溝縫，以增加表面縫隙數，來增加摩擦係數來加強止滑效果。

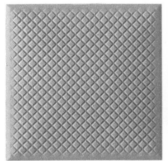
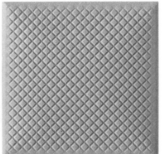

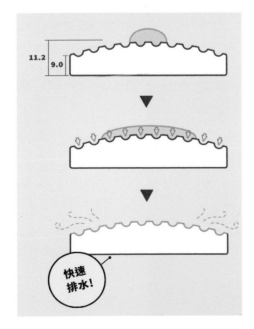

日本止滑磁磚不但防滑係數達1.25（多數防滑磁磚係數大約介於0.5～0.6），且吸水率小於3%以下。圖片提供／珪藻起居森活

日本止滑磁磚具有凹凸表面和磁磚圓弧設計，當水滴附著的時候，可以迅速分散於凹槽，引導排水達到止滑效果。圖片提供／珪藻起居森活

POINT 2

鋪貼方式

一般來說，地板磁磚的拼貼可透過增加地板表面的接縫數量，創造防滑效果；接縫越多、摩擦力越大，止滑效果越好；造型上可利用六角形、馬賽克、菱形或大片磁磚加工成小片磚，增加地面的縫隙數量，藉此提高止滑效果。

增加磁磚表面的縫隙數，可提高地板的止滑效果。圖片提供／演拓空間室內設計

設備

POINT 1

扶手

衛浴空間裡設計扶手，會以輪椅行徑的過道作為安排，例如浴室出口、馬桶、檯面等位置。扶手形式會依據場域特性與使用習慣來設定，例如馬桶與浴缸空間，使用者需要向上支撐起身的力量，因而安排頂天形式的輔助設計；走路行進間，手部則呈現向下將身體頂起來的力道。另外，也要考量使用者是左撇子或右撇子，避免使用手習慣不同、無法使用到扶手功能。

馬桶旁搭配使用可彎折的扶手，方便如廁。另外雙面盆設計也針對業主使用便利性調整，左邊是正常輪椅使用，右邊則是讓馬桶與洗手檯距離稍微拉近，坐在馬桶上轉身就可以直接使用。圖片提供／樹屋設計

POINT 2

浴缸

可針對使用者習慣來安排浴缸,例如有泡湯需求,可挑選日式磚砌浴缸形式;喜歡躺靠浴缸
上享受泡澡時光,可選擇弧形曲面搭配靠枕的一般按摩浴缸。要特別留意浴缸的踏階高度,
傳統浴缸普遍 55 ～ 60 公分的高度,對於熟齡族來說,跨越上會比較危險;若有充足衛浴空
間,建議可打造兩個踏階來平衡單一踏階高度,降低跨越時重心不平衡、跌倒,產生致命的
危險。

開門式浴缸對於熟齡族群來說更安全方便。攝影／ Amily

一般浴缸高度大約 60 ～ 70 公分高,此案降低至 40 公分,讓熟齡者可較不費力的跨越入浴。圖片提供／ FUGE 馥閣設計集團

POINT 3

門檻

衛浴空間有門檻設計，通常是爲了阻擋水外流，避免造成潮濕、積水等問題。如果條件允許，建議取消門檻，並利用與地面平行的截水溝形式，取代排水功能，兼具美感與機能。新成屋已設計門檻、無法取消門檻高低落差的話，可將入口門檻的落差高度，規劃成斜坡形式，讓輪椅流暢進出。

取消門檻設計，並透過與地面等高的截水溝平行，取代排水功能。圖片提供／演拓空間室內設計

POINT 4

門片

針對熟齡的衛浴空間裡，最好以橫拉門取代推門的設計，特別是需要輪椅進出的日常生活；橫拉門可將門片收放到側邊，提高空間的使用坪效，若只能使用推門，也要規劃出利於門扇開啟的彈性空間，避免敞開時打到設備機能，以及佔據走道的寬敞度。

浴室門片使用橫拉門，方便輪椅進出使用。此外，入口地面增加截水溝設計，避免水溢出浴室，也可維持地面平整性，這是無障礙浴室最重要的一個部分。圖片提供／樹屋設計

POINT 5

操作便利性

感應式水龍頭大多出現在商空，一般住家較少結合此設計。因考量感應設備上會有時間中斷頻率，特別是日常的刷牙洗臉，需要透過不斷揮動手來感應水龍頭來啟動送水，反而造成使用的不便。拉桿式水龍頭是常見的衛浴操作形式之一，通常會選擇容易開關水的龍頭形式，特別是撥動的面較寬，方便藉由手的觸碰來開水，達到易時省力的優點。而在馬桶沖水設備上，對於面臨手部肌肉逐漸退化的熟齡來說，能夠於馬桶背牆規劃一道寬面按壓的沖水形式，無須彎腰就能完成沖水，是非常省時、省力有智慧的設計。

壁掛式馬桶沖水按鈕對於熟齡族群操作較為便利，或者是可考慮使用自動馬桶。
攝影／Amily

CHAPTER 2

浴室工法

中古屋或老屋翻新的浴室改造工程，涉及工種其實相當複雜，從最早的拆除、水電配置到可能需要面臨隔間重新規劃，以及浴室最重要的防水工程，不同區域或是使用材料的差異性，施作過程中的正確順序、施作完成的驗收該怎麼做，皆在本章節完整解析。

保護工程、拆除清運 |約1天|

- 不論是全屋翻修或是局部浴室改造，進行浴室拆除工程之前，大樓的電梯、樓梯等公共空間都必須做好防護措施，浴室排水孔也要做好封閉，避免拆除時的工程廢料掉落造成阻塞。

- 完成保護工程後即可拆除浴缸、馬桶、洗手檯等衛浴設備，接著是天花板、牆壁到地板磁磚的拆除，浴室地壁磁磚拆除建議打除見底，而拆除前記得先關水、斷電，以免造成漏水或觸電的危險。

STEP BY STEP

圖解
浴室改造
施工流程

step
①

step
②

給排水管配置、電路配置 |約1天|

- 浴室拆除後接著是水電師傅進場施作，包括更換冷熱水管或是變更給排水配置（若有變動設備位置），另外如果新設暖風機也需要新設獨立迴路。

- 給排水管、配電管的配置都需要事前精準放樣定位，確認打鑿的位置，建議這些過程也要拍照記錄，避免日後發生亂打牆打到水管的問題。

- 冷、熱水管之間保持適當距離，除了讓溫度不互相影響外，也方便日後維修。

泥作工程 |約 10 ～ 14 天|

- 緊接在水電工程之後的是泥作師傅進場，基礎施工大致上包含：校正空間直角系統、灰誌、整平基礎結構、防水層施作、防水測試、地壁磚鋪貼與填縫。

- 地壁的轉角處建議鋪設抗裂網，加強 R 角防水層施作的抗裂性能。

- 浴室門檻在門檻安裝之前先施作一層七厘石防水結構層，一併將止水墩一體成型設定製作完成。產生剛性防水底層結構，最後再把門檻滿漿黏著在止水墩上。

- 浴室地板應採用硬底工法鋪貼，前置要先以砂漿整平打底到設定的完成面，等砂漿乾固完成之後，地板、磁磚使用鋸齒鏝刀滿漿批覆，整平固定器輔助做平整鋪貼，最後校正磚縫誤差。此工法的優點是黏著鋪貼的效果比軟底好，大塊磁磚還能搭配整平器施作校正磁磚本身翹曲的問題。

油漆工程 |約半天|

- 天花板施作完成後，油漆師傅進場以 AB 膠打底，貼不織布網袋、油漆批土，加強結構性，抵抗地震時的拉力。

- 浴室天花板油漆建議選用防水係數較高的油性水泥漆，或是外牆專用的防水漆。

step 3　　**step 4**　　　　**step 5**　**step 6**

天花板工程 |約1天|

- 浴室天花板多半採用平頂天花，在封板時需根據燈具、暖風機尺寸裁切預留開口規格。

- 木角料骨架間距建議在 30 ～ 40 公分，避免天花板變形。

- 矽酸鈣板板材接合處需要離縫約 6 ～ 9mm 間距，方便補批土避免裂縫產生。

衛浴配件安裝 |約1～2天|

- 浴室的硬體裝修完成後，便可以進行淋浴拉門、各種設備的安裝。

- 面盆安裝時須留意水平與加強支撐結構，還要注意排水的規格差異性。

- 馬桶安裝可採乾式或濕式施工，不論是哪種施作方式，縫隙皆須注意密合度，避免臭氣溢出，而安裝後也需要測試沖水是否順暢，以及有沒有漏水的問題。

浴室隔間工法

浴室隔間須具備防潮特性，常見爲磚砌、預鑄板等類型，例如紮實萬用的傳統紅磚、質輕低汙染的綠建材石膏磚與大樓常見的環保陶粒板，消費者可透過施工方式、材質特性、工序成本等多方面考量，挑選最適合自家的衛浴隔間材！

磚造隔間：防潮防火傳統材，須注意樓板載重、施工細節

紅磚隔間是傳統衛浴隔間建材，是磚與水泥砂漿、植筋組成的穩固量體，材料本身價格低廉，具備良好的隔音效果，同時防潮、防火，可以在牆上鑿釘懸掛物品，日後使用方便。

但磚造隔間重量重，容易造成樓板載重負擔，部分社區大樓會禁止紅磚進場施作，加上施工期長，人工成本提高，磚牆需等待水泥砂漿緩慢自然乾燥，結構才能達到最佳穩固效果，且需現場使用大量水泥砂漿，導致塵土飛揚，砌牆期間還要淋水維持濕度，工地現場難免髒亂，這些都是選用紅磚牆隔間前要列入考量的重要因素。

此外，當磚牆用於衛浴等潮濕空間時，因爲磚、混凝土的材質特性，長時間遇水會在表面發生化學變化、形成壁癌，破壞美觀與結構，所以要預先利用高滲透防水塗料、彈性水泥、抗裂玻璃網、黑膠等防水素材進行層層防護，才能讓紅磚牆發揮耐久、穩固的最佳優勢。

紅磚隔間施工使用大量水泥砂，加上紅磚須淋水保濕，場地容易泥濘不堪，須確實鋪墊防水布、做好防水措施，避免樓板滲漏影響鄰居。圖片提供／鉅程設計

紅磚牆具備防火、防潮、隔音等優點，是傳統衛浴濕區使用建材，表面要記得做好多重防水處理，避免日久潮濕發生壁癌、漏水問題。圖片提供／鉅程設計

磚造隔間施工順序 step

1 現場放樣
・素地整理。
・用雷射儀依照圖面放樣。

2 砌磚
・磚塊澆水維持濕度。
・牆面堆砌。

3 粗胚打底

4 防水施作
・噴塗高滲透防水塗料。
・多次薄塗彈泥、轉角鋪貼抗裂網。
・最後塗覆防水黑膠（有韌性、屬於抗裂防水材）。

5 鋪貼磁磚、面材

依照設計師圖面，現場使用雷射水平儀幫助放樣，精準標示出牆面位置、尺寸。圖片提供／鉅程設計

磚頭要淋水維持濕度，以免過快吸取水泥砂水份、影響牆體結構強度；砌磚時採交丁方式堆疊，同時要等下半部牆體牢固後再進行上方施作，否則磚的重量下壓，破壞磚牆穩定。圖片提供／鉅程設計

施作工序要點

1. 用雷射水平儀訂好垂直水平線

2. 水泥砂漿混合比例爲 1：3，作爲磚與磚之間的接著劑使用。

3. 紅磚要以交丁式排列堆砌，避免遇震動直線開裂。

4. 不可一次砌完，要等下層紅磚固化後，再砌上層磚。

5. 新舊牆面相接，每隔幾層就得在銜接處植入鋼筋，也就是打栓。

6. 磚牆澆水濕潤，令後續水泥砂漿產生水化作用。

監工驗收要點

1. 需逐層交丁堆疊砌牆。

2. 逐道轉角使用雷射儀驗收。

3. 確認填縫後保持磚面清潔。

4. 紅磚堆放處需鋪上防水布，離排水孔近更好，避免淋磚工序導致漏水。

5. 舊有地面要拆除至底，避免原有素材影響磚牆穩定。

石膏磚隔間：質輕、乾淨、施作方便，硬度低吊掛選擇壁虎螺絲

石膏磚是防潮、隔音、防火、抗震、重量輕的環保綠建材，常見尺寸為 60 公分 X40 公分，市面上有 9 公分實心磚與 11、12 公分的空心磚兩種形式供設計裝修使用，採乾式施工、單人即可操作、堆砌。

由於吸水率低、可用於濕區隔間，能直接打管槽埋線、釘掛重物；現場切割挖洞所形成的粉塵少，亦不會造成環境汙染。值得一提的是，如同紅磚使用方式，石膏磚作衛浴隔間時，牆面同樣需塗布高滲透防水底漆、彈泥、黑膠，最後使用黏著劑貼覆磁磚，提升整體防水性。

石膏牆施工期間安靜快速，環境相對整潔，堆砌縫隙不易龜裂、紮實穩固，完工表面無須粉光，可直接進行防水、貼磚或塗漆工序。但石膏磚本身硬度低，導致邊角脆弱易破損，如需釘掛五金最好選實心石膏磚，同時使用壁虎螺絲穩固之餘還能保護牆面不剝落，最後需在完工後的裸露陽角進行護角保護。

石膏磚是防潮、抗震、質輕的環保綠建材，有實心、空心兩種形式提供設計規劃使用，採乾式施工，具備安靜、快速、低汙染等優勢。圖片提供／鉅程設計、MIT 台灣製石膏磚

石膏磚作衛浴隔間時，牆面無須粉光，但要做好防水措施，塗布高滲透防水底漆、彈泥、黑膠，最後使用黏著劑貼覆磁磚，提升整體防水性。圖片提供／鉅程設計、MIT 台灣製石膏磚

石膏磚隔間施工順序 step

1 基礎放樣：使用雷射水平儀依照
圖面放樣

2 砌磚
- 基底牆水平校正。
- L 型鐵件補強。
- 牆體推砌、眉樑架設。

3 天花伸縮縫以 PU 發泡或水泥砂
漿填實

4 牆面接縫批土填實

5 防水施作
- 噴塗高滲透防水塗料。
- 多次薄塗彈泥、轉角鋪貼抗裂網。
- 最後塗覆防水黑膠（有韌性、屬於抗裂防水材）。

6 鋪貼磁磚、面材

> 砌牆前要素地整理，避免粉
> 塵石子殘留影響牆體穩固；
> 新舊牆面相接處須利用 L 型
> 鐵片、火槍擊釘方式強化銜
> 接力度。圖片提供／鉅程設
> 計、MIT 台灣製石膏磚

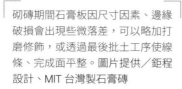

砌磚期間石膏板因尺寸因素、邊緣破損會出現些微落差，可以略加打磨修飾，或透過最後批土工序使線條、完成面平整。圖片提供／鉅程設計、MIT 台灣製石膏磚

施作工序要點

1. 避開有毒成分，需挑選合乎規範的石膏磚產品。

2. 施工前地面樣要先進行粉塵清除。

3. 石膏磚牆與 RC、鋼構銜接處可用火藥擊釘、L 型鐵片固定。

4. 一般地面使用水泥砂漿打底，若已鋪設地磚則採用黏著劑打底即可。

5. 石膏磚間因堆砌、尺寸因素會有些微落差，可以略加打磨使線條平整。

監工驗收要點

1. 需逐層交丁堆疊砌牆。

2. 逐道轉角使用雷射儀驗收。

3. 確認填縫後保持磚面清潔。

4. 石膏磚硬度較低，牆體完工後，建議陽角處貼上護角保護。

5. 切割管溝埋管後，回填水泥砂建議使用網格布保護。

陶粒板隔間牆：新環保綠建材，耐水防火抗噪、施工方便

陶粒板是由陶粒、混凝土、水泥砂等材料燒製鑄造而成的環保建材，耐水、防潮，是政府認證的新防火隔間。比傳統紅磚牆輕、卻仍具備實心牆紮實質感，隔音上可能比紅磚略差一些；一般出廠裁切為 240 公分長板方便運送。

陶粒板隔間牆採乾式施工，一般為 8～12 公分厚度板材，以易膠泥黏著拼接而成，連表面處理都可以直接跳過粉光環節、直接批土油漆或貼磚，一般住家浴室隔間基礎施作大約只需半天施工時間、有效縮短工期。砂輪機能直接在板材挖孔、鑿出管槽，同時能使用鐵釘、螺絲吊掛負重，施工非常方便。

不過雖然陶粒板整體比紅磚牆輕，但因為是預鑄大板形式，運送上需經由堆高機與吊車接力才能送至安裝樓層，很難人力搬運；同時室內也要做好妥善防護，避免在移動途中刮傷、損毀設備。

另外由於板材本身是由多種材料燒製而成，加上易膠泥黏著固定，牆面上異材質銜接處日久可能會出現龜裂痕跡，雖不影響結構強度，最好在設計規劃時以表面貼覆材如磁磚等建材修飾，才能長久維持美觀。

陶粒板是政府認證的新防火環保隔間，由陶粒、混凝土、水泥砂等材料燒製鑄造而成。圖片提供／嶧石室內裝修工程有限公司

陶粒板牆上銜接處日久可能會出現表面龜裂痕跡，用磁磚等建材修飾，才能長時間維持美觀。圖片提供／嶧石室內裝修工程有限公司

陶粒板隔間施工順序 step

1 拆除原有牆面、清理現場

2 放樣：依照圖面計算出所需板材數量

3 依照放樣位置、固定上下槽五金

4 板材施工

- ·板材出貨，當天現場需同時調配推高機、吊車待命。
- ·卸下板材、搬運至所需樓層位置。
- ·將板材組裝固定於上下槽中。

5 調整水平、填縫固定：接縫處以易膠泥或水泥砂漿填縫補平

6 根據規劃預埋管線或直接批土粉刷貼磚

陶粒板安裝前，要先在天花、地面嵌入 C 型鋼上下槽以便於後續固定。圖片提供／崝石室內裝修工程有限公司

板材接縫處，要使用易膠泥或在上方取孔灌漿接合，最後再清除不平整與溢漿處。圖片提供／崝石室內裝修工程有限公司

施作工序要點

1. 可在出廠前預留門窗尺寸，現場組裝固定即可。

2. 陶粒板材搬運須起重機與吊車並行，組裝當日需安排妥當。

3. 室內移動要保護好原有設備、地板，避免擦傷損壞。

4. 水平、垂直放樣前置作業需確實，固定於天花板於地坪之 C 型鋼組裝槽是否依照放樣線段準確安裝，使牆體能夠依其設定安裝無誤。

5. 陶粒板銜接處以易膠泥或水泥砂漿，如有較大或長時間震動，銜接處可能會產生裂痕，該裂痕不影響安全卻可能影響美觀，施作該隔間最好貼覆磁磚修飾表面。

監工驗收要點

1. 施工時需注意牆面組裝是否穩定安裝於 C 型鋼組裝槽中。

2. 銜接黏合時需確認是否使用 L 型角鐵及蝴蝶夾，確實讓結構牆與陶粒板牆互相連接黏合。

3. 牆面以及轉角處理是否平整，結構是否確實。

4. 施作潮濕地區如浴廁等仍需確實進行防水工程方能進行後續如貼磚等工程。

電路配置工法

居家浴室配電要依照電器設備耗電量與使用習慣,選擇搭載合適線徑的電線,高耗電設備獨立使用線徑5.5mm2迴路,而連接的配電箱開關安培數也要略高於迴路總和,同時裝設漏電斷路器做最後防線,合乎規範的層層步驟才能保障衛浴用電安全。

一般迴路規劃施工:了解用電習慣,配置合適線徑、安培數開關

浴室常見配電有燈具、插座、免治馬桶、地暖、多功能暖風機等等,一般而言,目前因節能燈具普遍,總體耗電瓦數需求較低,故配線多與全室或區域照明共用迴路,線路設置於天花板內。高耗電設備如多功能暖風機、地暖等依設備設置說明書配置符合需求之電壓及線徑5.5mm^{2}專屬迴路,其餘設備則應依使用者需求規劃迴路及相對應線徑之配線、插座。

浴室設備會清楚標示耗電瓦數與電壓,便可利用 W(瓦數)= V(電壓)×A(安培)之換算關係,算出各自設備需消耗的安培數,將同一迴路電器使用安培數加總起來預估迴路負載後,即可規劃迴路線路安排與配電箱對應配置的無熔絲開關。

此外需注意的是,固定設備使用專門迴路可保證電流附載能在安全值內,但浴室插座不定時會有吹風機、捲髮棒、甚至除濕機使用的可能,所以在電路規劃時要先了解業主全家日常習慣,抓取耗電瓦數使用最大均值,除了能避免頻繁跳電影響居住品質,太常超出負荷的電流也會增加電線走火風險。

建物起建時,依照圖面規劃安排,隔層排水設計預先暗埋電力、配水布置。圖片提供/崝石室內裝修工程有限公司

一般迴路通常使用 2.0 mm^2 配管串連,依電力配管路徑的標示位置、以機具於地面、牆面切割鑿溝。圖片提供／崝石室內裝修工程有限公司

一般迴路線施工順序 step

1 安裝臨時用電:以電池充電式機具或事先安裝臨時電箱提供機具用電

2 依照圖面放樣定位,拍照紀錄
・訂立基準點,定一米線。
・現場依照圖面與設備安裝圖,將給電力管線路徑、插座、開關預埋盒、設備等需預埋組件之位置進行標記紀錄。

3 進行電力管線路徑、預埋零件切鑿工程施作
・依電力配管路徑標的位置以機具於地面、牆面切割鑿溝。
・依標的位置以機具於牆面切割鑿出插座、開關預埋盒或設備預埋組件尺寸之空間。

4 鋪設電力(訊號)配線管
・安裝插座、開關預埋盒或設備預埋組件。
・將電力配管與預埋盒或預埋組件連接後,依設定路徑配管並以電纜固定夾固定。

5 配線
・安裝電力線連通插座、燈具等設備端及其開關。
・依規劃進行迴路線串接或獨立配線聯通至配電盤。

6 接臨時電測試:於泥作工程前需測試的電器設備(如埋於磁磚、石材下的地暖設備)接通臨時電進行功能測試

7 絕緣工序:將各插座、設備端電力線以絕緣膠帶封閉保護

8 管線安裝路徑總紀錄:將相關管線及預埋盒、預埋組件於進行下階段泥作工程前進行管線安裝路徑紀錄。

馬桶旁預留插座可供加裝智慧型免治馬桶，需注意位置要在馬桶給水管上方，避免漏水發生危險。圖片提供／崝石室內裝修工程有限公司

埋入牆面建議使用混凝土專用配電導管，耐壓不易損壞；同時確認各管線、預埋件等依照需求進行相關管溝切鑿。圖片提供／崝石室內裝修工程有限公司

衛浴電器設備安裝測試注意事項

1. 安裝相關插座、開關面板。

2. 依照說明書安裝燈具、浴廁設備如馬桶、多功能暖風機等。

3. 確認各迴路電力線依設定鎖固於配電盤各迴路無熔絲開關上,將電力連通。

4. 開啟設備進行測試確認各項功能正常,並以電流勾表確認負載電流。

5. 確認無誤後,配電盤進行用途標示。

6. 完工設備保護待整屋清潔後與業主驗收。

施作工序要點

1. 馬桶旁預留插座可供加裝智慧型免治馬桶,需注意位置要在馬桶給水管上方,避免漏水發生危險。

2. 電線裝設不可折、也要避免過多彎曲,要保持線路通暢。

3. 洗手台插座可以高一些,除了怕水花噴濺危險,還能提供化妝鏡、照明使用。

4. 浴廁迴路配電要考量到插座可能使用高電功率設備如吹風機,需注意連通迴路使用狀況是否超過負載量。

監工驗收要點

1. 確認各管線、預埋件等依照需求進行相關管溝切鑿。

2. 打鑿深度要適中,以免後續出線盒無法完全埋入。

3. 施工配置電管時,不可超過四個彎,否則日後抽拉電線會有困難。

4. 因涉及泥作工程,埋入牆面建議使用混凝土專用配電導管,耐壓不易損壞。

5. 電力線與電力線連接時需依標準連接方式確實接合並確實絕緣。

6. 相關配管及預埋件需拍照紀錄,作為日後安裝設備時對照使用。

7. 確認電力線依照迴路負載配線,並使用相對應無熔絲開關。

專用迴路：5.5 專迴直達配電箱，漏電斷路器確保不過載

常見的浴室高耗電設備爲多功能暖風機、地暖、以及近來新流行加裝的電暖毛巾架等，共通點爲耗電量大，得長時間持續使用，此類產品建議盡可能配置專屬的單一迴路，管控此一迴路用電量以確保安全。

高耗電設備不單指 220V 產品，而是指電器設備標註的電功率較高，卽常見需求瓦數（W）較高者。裝設專用迴路通常會使用線徑 5.5mm^2 電力線連通至配電盤上所適配之無熔絲開關。除了電力負載需要注意外，由於浴廁因環境潮濕，容易產生感電意外，該區配電迴路需安裝漏電斷路器作爲電力負載監控及漏電跳脫切斷防護，以保障使用者安全。

電暖毛巾架是較近期流行的浴室電器，用於烘乾日常頻繁使用的毛巾、貼身衣物，電功率、電壓依品牌設定有所不同，電力線安裝亦分爲隱藏型或插座型。若裝修規劃時有其需求可使用電力線隱藏型，在規劃期間進行設計並配置適當的迴路電力線；而插座型則提供原有浴廁需要新增其功能，但需考量該產品使用時，其功率是否會超過迴路負載狀況，建議請專業水電師父進行評估後再進行安裝。

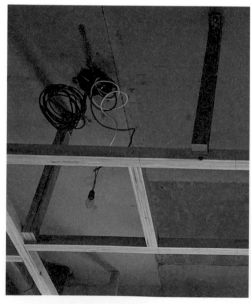

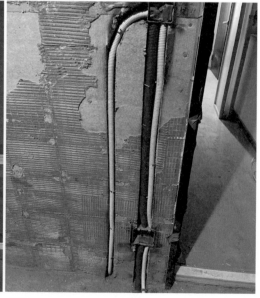

常見的浴室高耗電設備需長時間持續使用，此類產品建議盡可能配置專屬的單一迴路，管控此一迴路用電量以確保安全。圖片提供／崝石室內裝修工程有限公司

住家裝設地暖，可以由地坪解決浴室長年潮濕問題，冬天赤腳踩踏更不怕冷吱吱。圖片提供／崝石室內裝修工程有限公司

專用迴路線施工順序 step

1 安裝臨時用電：以電池充電式機具
或事先安裝臨時電箱提供機具用電

2 依照圖面放樣定位，拍照紀錄

· 訂立基準點，定一米線。
· 現場依照圖面與設備安裝圖，將給電力管線路
徑、插座、開關預埋盒、設備等需預埋組件之位
置進行標記紀錄。

3 進行電力管線路徑、預埋零件切
鑿工程施作

· 依電力配管路徑標的位置以機具於地面、牆面切
割鑿溝。
· 依標的位置以機具於牆面切割鑿出插座、開關預
埋盒或設備預埋組件尺寸之空間。

4 鋪設電力（訊號）配線管

· 安裝插座、開關預埋盒或設備預埋組件。
· 將電力配管與預埋盒或預埋組件連接後，依設定
路徑配管並以電纜固定夾固定。

5 配線

· 安裝電力線連通插座、燈具等設備端及其開關。
· 依規劃進行迴路線串接或獨立配線聯通至配電盤。

6 接臨時電測試：於泥作工程前需
測試的電器設備（如埋於磁磚、石材下的
地暖設備）接通臨時電進行功能測試

7 絕緣工序：將各插座、設備端電力
線以絕緣膠帶封閉保護

8 管線安裝路徑總紀錄：將相關管線及
預埋盒、預埋組件於進行下階段泥作
工程前進行管線安裝路徑紀錄。

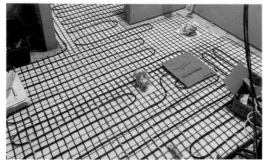

地暖裝修規劃時，須注意使用線徑 5.5mm² 電力線、設置專用迴路，保障用電安全。圖片提供／崎石室內裝修工程有限公司

電暖毛巾架的電功率、電壓依品牌設定有所不同，若裝修規劃時確定安裝，可選擇電力線隱藏型，在規劃期間進行設計並配置適當的迴路電力線。圖片提供／崎石室內裝修工程有限公司

施作工序要點

1. 確認使用設備、環境的電功率與電壓，以及檢查配電盤是否有空間容納多設定之無熔絲開關或漏電斷路器。

2. 對於高功率電器或使用環境其設備電功率較高的插座，以線徑 5.5mm² 電力線進行迴路設置。

3. 通過潮濕區域的迴路，爲了避免感電意外需安裝漏電斷路器。

4. 設備其電壓、電流連通有確實對應之無熔絲開關或漏電斷路器。

監工驗收要點

1. 確認設備及相關附屬件是否正確安裝及作動。

2. 確認使用設備或插座是否依照規劃確實配置適當線徑電力線，並確實連通配電盤上的無熔絲開關或漏電斷路器。

3. 開啟設備使用電流勾表確認迴路負載是否在安全範圍內。

4. 確認配電盤是否將其對應迴路設備功能進行標示，以及標示是否正確。

管線配置工法

不鏽鋼壓接管、發泡管等已取代傳統鑄鐵管、PVC 給排水管並廣泛於建築配管使用，搭上可選配的披覆保溫、降噪表材，讓日常生活息息相關的住家心血管煥然一新，有效延長使用年限、提升用水安全性與居住品質。

管線材質：耐候、抗酸、降噪　不鏽鋼、發泡管成主流

由於技術更迭、水電管材日新月異，考量到不同年代材質使用習慣，20 年以上老房子給水管線因為當時多使用鑄鐵管，時間久了有鏽蝕重金屬溶出與脆裂、交接處滲漏等風險。加上現今排水管既有配管方式多以隔層排水方式建置，然該配管方式對於浴廁實際規劃與使用時，設置靈活度不足、且常因噪音或漏水引發上下樓層糾紛。因為一旦發生漏水需要檢修、釐清責任，各項細節都將造成與鄰居間相處的不定時炸彈，為了健康考量與避免漏水糾紛，有機會還是換掉為宜。

一般住家衛浴使用管線為給水管、排污管與透氣管。目前建商冷水配管以不鏽鋼壓接管為主，熱水給水管選用不鏽鋼管披覆 PE 發泡保溫層；排污管則是以耐候耐酸、鹼、腐蝕性的發泡管，一般市面管線外觀為橘色，用意是為避免熱湯、洗滌劑、清潔劑等腐蝕破壞排污管道，所以在建築中多用於浴廁、廚房等區域。

管線尺寸上馬桶排水管徑較大，通常是 3.5 或 4 吋，其他洗槽、地板排水則多為 2 吋管。發泡管排水噪音較一般厚管減少約 5 分貝，如果對於噪音較敏感則需另行包覆隔音材料。透氣管則針對排水管產生之氣體進行排放，多以 PVC 管安裝連接至建築主排氣管後，排出室外。

不鏽鋼壓接管、發泡管等已取代傳統鑄鐵管、PVC 給排水管並廣泛使用於建築配管使用。圖片提供／嶠石室內裝修工程有限公司

新住宅汙水可直接連通衛生下水道，解決舊有化糞池需定時清潔與發臭藏汙問題。圖片提供／嶠石室內裝修工程有限公司

法規趨勢：同層排水

現今公寓大樓絕大部分皆為隔層排水，即排水管、透氣管及維修存水彎、清潔口皆裝設於樓下住戶的浴室天花板內，導致自家馬桶、排水管堵塞清潔維修都要麻煩鄰居，若加上漏水問題歸屬更是糾紛頻傳、大大影響居住品質。

目前部分豪宅建案浴廁區為使業主能擁有更多空間自由設計規劃，多以結構降板方式達成同層排水。而因應排水漏水及噪音干擾問題，民國 111 年 12 月 29 日增新建築技術規則建築設備編第 29-1 條，針對新建築設計時排水系統不得貫穿分戶樓板，必須以同層排水建置！

給水施工順序 step

1 施工前關閉總給水閥

2 依圖面放樣定位、拍照記錄

· 訂立基準點,定一米線。
· 依圖面、設備安裝圖,標記、紀錄給水管路徑與給水設備位置。

3 給水管線路徑工程施作

· 於天花板設置吊管束或在地面以機具切割鑿溝
· 使用機具在牆面切割鑿溝。
· 依設備安裝需求,切鑿出預埋零件位置與尺寸。

4 鋪設給水管

· 鋪設不鏽鋼冷熱水管,接頭處需確認壓接是否密合。
· 管線以固定環固定後,用砂漿定位。

5 試水

· 封閉所有出水口,取一出水口安裝水壓計。
· 以加壓馬達送水測試,靜置約 60 分鐘觀察是否有漏水等產生壓力不足狀況。

6 安裝預埋設備並記錄

· 部分淋浴設備如花灑或控溫水龍頭需進行部分組建設備預埋,依安裝說明書進行。
· 將相關管線及設備於進行下階段泥作工程前進行管線安裝路徑紀錄。

鋪設不鏽鋼冷熱水管,接頭處需確認壓接是否密合;管線以固定環固定後,用砂漿定位。圖片提供／崝石室內裝修工程有限公司

淋浴設備如花灑、控溫水龍頭需進行部分組件、設備預埋，需正確依安裝說明書進行。圖片提供／崝石室內裝修工程有限公司

衛浴給水設備安裝測試注意事項

在衛浴裝修相關工序如泥作、木工、油漆等完成後，進行給水設備安裝時，需要注意以下事項。

1. 依安裝說明書安裝相關給水設備。

2. 開啟總給水閥，爲避免水壓瞬間增大過度衝擊管線及給水設備，開啟時應分段慢速開啟。

3. 開啟水龍頭排放管內空氣。

4. 測試給水設備出水狀況，再依現場狀況進行出水量調整。

5. 完工設備保護待整屋清潔後與業主驗收。

施作工序要點

1. 考量台灣多有地震發生，給水管建議以耐震性較佳的不鏽鋼壓接管取代 PVC 管。

2. 管線裝設前，要確認五金、水龍頭等相關設備的安裝規格與位置細節，以避免無法安裝或安裝錯誤。

3. 如果預算許可，在全戶管線更新時建議可將給水總閥移至陽台，如此不但維修開關方便，更能加裝全戶型軟水機或濾水設備。

4. 給水管在安裝龍頭五金後，最好先放水一段時間排除管中雜質及空氣，確保水管暢通。

5. 施工前檢查不鏽鋼管及相關附屬品其產地、品質等是否與需求契合。

監工驗收要點

1. 裝設完成後要測試水壓，確認管線是否確實接合。

2. 設備應確實以設備安裝說明書進行安裝；相關管線及設備完成預埋安裝時，需確實紀錄存查。

3. 給水總閥如在天花板內，天花板必須要有維修口以方便日後調整及維修。

4. 管線配置好、水泥覆蓋前拍照留存，可印出照片或在磁磚完成面用粉筆標示，提醒後續工班施作注意。

排水管施工順序 step

1 依照圖面放樣定位、拍照記錄
- 確認地板完成面高度。
- 訂立基準點,定一米線。
- 依設計圖與設備安裝圖,標記紀錄排水管路徑與排水設備位置。

2 排水管線路徑工程施作:以下分為隔層排水與同層排水兩種狀況
- 訂立基準點,定一米線。
- 依圖面、設備安裝圖,標記、紀錄給水管路徑與給水設備位置。

A 隔層排水施作 (如透天、樓中樓等單一產權建築)

1 於天花板設置吊管束

2 牆面預留垂直管線 U 型螺絲固定支架

3 設置排水管
- 設置排水管以及相關配件如存水彎及清潔口。
- 連通管接頭處除確認黏合是否確實、連通管與水平方向幹管連接處上下關係是否正確。

4 確認洩水坡度無誤排水順利連通垂直排水主幹管

5 連通排氣管

B 同層排水施作

1 確認洩水坡度、以機具於地面切割鑿溝

2 在牆面以機具切割鑿溝:作牆面排水配管使用

3 鋪設排水管
- 排水管鋪排設定。
- 檢查連通管接頭處黏合確實、分支管與主幹管連接處上下關係正確。

4 確認排水順暢與管線固定
- 測試洩水坡度無誤、排水順利,不會因後續泥作重量致使管線移位。
- 管線以固定環固定後,再用砂漿定位。

5 測試後封閉排水口並記錄
- 封閉排水口,避免公管異味或因工程原因,致使髒污進入排水系統造成堵塞。
- 標記管線路徑並記錄。

部分豪宅建案浴廁區爲使業主擁有更多空間進行自由設計規劃，多以結構降板方式達成同層排水。圖片提供／峙石室內裝修工程有限公司

現今舊公寓大樓最常見的隔層排水設計，管線設定在樓下住戶的天花板，導致發生問題維修不便、糾紛頻傳。 圖片提供／峙石室內裝修工程有限公司

衛浴排水設備安裝測試注意事項

在衛浴裝修相關工序如泥作、木工、油漆等完成後，進行排水設備安裝時，需要注意以下事項。

1. 依照安裝說明書安裝相關排水設備並測試排水順暢度。

2. 測試設備作動無誤。

3. 完工設備保護，待整屋清潔後與業主驗收。

施作工序要點

1. 設置排水管時需注意洩水坡度，管徑小於 75mm 時，坡度不可小於 1/50，管徑超過 75mm 時，不可小於 1/100。

2. 浴廁設計時磁磚計畫需與排水系統做整合，落水頭位置切勿設定在磁磚正中心，避免積水困擾。

3. 固定式浴缸需設置 2 個排水口，分別連接浴缸與地面，確保日後使用時積水能順利排出。

4. 排水管設置存水彎，形成水封，可以有效阻隔臭氣與蟑螂、蚊蟲；如爲隔層排水工程，管線需設置清潔口以作爲後續檢修通管使用。

監工驗收要點

1. 泥作鋪貼磁磚前管線試水：確認是否裝設完善避免漏水或積水。

2. 泥作鋪貼磁磚後管線試水：檢查水管是否暢通、管內是否有積存工程污廢物。

3. 鋪設時可透過水平尺檢測是否達到一定傾斜角度

4. 管線配置好、水泥覆蓋前拍照留存，可印出照片或在磁磚完成面用粉筆標示，提醒後續工班施作注意。

糞管安裝施工順序 step

1 放樣定位
· 全室定一米線。
· 糞管放樣確定位置。

2 切割打鑿
· 機具切割範圍。
· 鑿出管徑深度。

3 鋪設糞管
· 糞管銜接處需注意洩水坡度。
· 用 R 型管或 Y 型管銜接轉角處。

4 安裝排氣管：糞管與排氣管支管
　　相連，延伸至大樓排氣主幹道

同層排水規劃，汙水管線排流會連接大樓共同汙水立管後排出。圖片提供／崝石室內裝修工程有限公司

安裝馬桶管線，給水管要設置在配電出口下方，避免漏水造成衛浴觸電危險。圖片提供／崝石室內裝修工程有限公司

施作工序要點

1. 建設公司在設定馬桶排水中心離牆壁深度規格大體上分為 20 公分、30 公分、40 公分三種，通常該距離以建設公司採購衛浴馬桶規格為主。

2. 由於目前集合住宅等建物多採隔層排水，安裝前一定得確認其對應深度之產品規格尺寸，避免無法安裝。

3. 如有因尺寸偏差無法順利安裝或馬桶轉向置放時，可使用偏心管微調落差，但如偏心距離過長會使管線堵塞機率提高。

4. 馬桶使用乾式安裝時，螺絲固定須避開暗埋管線；同時為了避免糞管的臭氣外洩，馬桶底座的排便孔外側確實安裝油泥，將馬桶對準糞管安裝、密合。

監工驗收要點

1. 馬桶使用乾式安裝時，螺絲固定須避開暗埋管線。

2. 為了避免糞管的臭氣外洩，馬桶底座的排便孔外側確實安裝油泥，將馬桶對準糞管安裝、密合。

3. 管線配置好、水泥覆蓋前拍照留存，可印出照片或在磁磚完成面用粉筆標示，提醒後續工班施作注意。

糞管移位：衛浴墊高要專業簽證、鄰居同意才能施作

若想重作衛浴或調整馬桶位置，糞管就要進行同步位移，緊接而來的便是爲了掩蓋位移而延伸出的管線與其排流所需合理坡度，則需使用泥作墊高地坪，因此，位移要考慮的首要問題是「堆砌水泥砂漿會增加局部建物載重」！這時候合乎法規的移位正確步驟爲——預先計算出整體墊高面積、高度及重量，如超過法令許可限制則需由相關專業技師簽證，再獲得樓下鄰居同意後才可正式施工。

此外，馬桶配管爲 3.5 或 4 吋排水管，配合馬桶移位、浴廁高度需增加約 15 公分，如馬桶離舊有配管位置越遠，就須加入考量洩水坡度、地板增加高度越高，卽泥水泥砂漿載重增加，不是要多遠就多遠喔！

擔心建物載重問題、也不想墊高，卻仍想改變馬桶位置的話，壁掛式馬桶也是另一種考量。壁掛式馬桶需配合在原有馬桶排水管位置新建牆體，並將水箱預先安裝於牆體內。較原有水箱型馬桶視覺更簡潔，但整體造價高、如未預留檢修口或檢修蓋，未來維修將較麻煩，而且會增加 2、30 公分的壁面厚度，消費者可視空間條件與個人需求作選擇。

隔層排水規劃要進行糞管移位非常麻煩，若想合法改動舊屋馬桶位置還得是透天或上下層爲同產權業主會較能夠效率執行。圖片提供／崝石室內裝修工程有限公司

壁掛式馬桶雖然無須墊高地坪、空間整體視覺上簡潔美觀，但會增加 2、30 公分背牆厚度，設備本身造價較高，是衛浴整修的另一種選擇。圖片提供／崝石室內裝修工程有限公司

糞管移位施工順序 step

1 打鑿地板切至鋼筋：找出埋在大樓地板的舊排糞管

2 放樣定位：依照圖面確認新糞管位置

3 鋪設糞管

- 新馬桶端到管道間傾斜坡度要夠，75 公分以上者為 1/100，即 100 公分要降 1 公分高度；75 公分以下者為 1/50。
- 位移距離管線出口越遠，地坪要墊更高，會直接影響樓板載重。
- 盡量避免糞管彎曲，會增加堵塞機率。

4 安裝排氣管：糞管與排氣管支管相連，延伸至大樓排氣主幹道

5 墊高地坪

- 地坪回填。
- 馬桶一旦位移，因糞管管徑、地坪至少須提高約 15 公分。

衛浴給水、汙水排水管線改管，皆須注意避免彎曲轉角過多，同時要輔以洩水坡度，讓水排流順暢。圖片提供／崝石室內裝修工程有限公司

馬桶排水移位，地板洗孔至下方接管。圖片提供／嶧石
室內裝修工程有限公司

施作工序要點

1. 要經專業技師簽證、樓下鄰居同意才可施工。

2. 管線遷移過遠，容易造成排水不順引發阻塞滲漏，日後檢修也較麻煩。

3. 距離越長越需輔以洩水坡度讓廢水順利排出。

4. 管線相接處須使用 R 型管、Y 型管，避免 90 度銜接，Y 型管還兼具日後檢修、清潔堵塞用途。

5. 若增設的兩個馬桶距離太近，又接到同一排污管，A 馬桶沖水時 B 馬桶的水常會跟著動，建議可在馬桶糞管後接個排氣管、延伸管道間，即可解決。

監工驗收要點

1. 拆除後、配管前要設置全室一米線做統一標準，避免工班標準不一產生誤差。

2. 糞管傾斜坡度為 1/100，即 1 公尺降 1 公分；75 公分以下者為 1/50。

3. 糞管能走直線就不要轉彎，彎折只能使用 45 度轉彎頭，降低阻塞機率。

4. 管線配置好、水泥覆蓋前拍照留存，可印出照片或在磁磚完成面用粉筆標示，提醒後續工班施作注意。

防水與排水工法

做好衛浴地、壁防水排水系統是杜絕漏水的關鍵第一步！選擇彈泥、抗裂網等防水素材層層強化結構，利用磁磚硬底鋪貼拉拔工法、與填縫劑形成不吸水的平整導流表面，最後建構洩水坡度將水流出，徹底根絕潮濕滲漏的各種可能。此外還有進階的乾濕區降板設計，提供除了傳統門檻擋水以外，另一種實用的衛浴設計可能。

牆面防水：加入彈泥防水層，避免長期水氣滲漏

衛浴壁面防水雖不用像地坪防水這麼多道工序，但仍舊得加入適當防水材質，避免牆面因長時間潑水形成潮濕滲漏區域。例如水性界面接著底漆在結構層打底，可以令紅磚、混凝土牆無須大量吸水也能與新泥砂層有效黏著；打底則塗布底層膠泥「高黏著底材」，此防水砂漿乾燥時間稍長，也是因為這樣才能造就仿生、透氣、防水的高強度泥作結構。最後在粗胚打底後，滾塗彈性水泥，記得底層乾涸再上第二層，理論上是越多道防水性越好，但須考量材料與等待乾燥的工期成本！

牆面防水範圍雖然有 180 公分、210 公分等不同的高度設定，如濕區防水至頂、乾區則到洗手台上方等慣例，但若成本許可，壁面防水還是建議全室做滿為佳。

衛浴壁磚跟地磚一樣需使用硬底鋪貼、拉拔工法，有效加強鋪貼平整度、磁磚間縫隙的勻稱，注意壁磚轉角處的收邊方式、檢查磁磚本身的曲翹度、磚縫細緻度，卽直角與否等細節。

此外，目前衛浴常見的輕質隔間建材如陶粒板、石膏板，雖然標榜無須粉光、施工快速特性，但由於拼接溝縫形成的平整度問題，貼磚前建議還是使用薄層防水砂漿打底，整平表面、同時建構剛性防水層。

使用雷射儀精準校正衛浴空間的直角系統，方便後
續貼磚、設備入場能精準貼合。壁磚需使用硬底鋪
貼、拉拔工法，有效加強鋪貼平整度、磁磚間縫隙
的勻稱。圖片提供／水泥工阿鴻

鏝抹防水砂漿於牆面，同時加以整平。
圖片提供／水泥工阿鴻

透過雷射儀精準定位，灰誌點與灰誌點連成線條，
只要利用這些線條就能幫助師傅順利整平牆面。圖
片提供／水泥工阿鴻

靠牆側的直角系統要作準確，如此一來裝設浴缸時
即可精準抵住側牆，一旦規劃不夠精確，浴缸與牆
面就會呈現大小縫狀況。圖片提供／水泥工阿鴻

衛浴牆面防水施工順序 step

1 素地整理：拆除牆面清潔

2 校正空間直角系統：方便後續磁磚、
浴櫃、浴缸能無縫貼合空間

3 牆面灰誌定位

· 透過雷射儀精準定位。
· 借助灰誌與灰誌間連成垂直水線定位，整平牆面。

4 基礎結構

· 施作新舊接著底漆。
· 鏝抹防水砂漿於牆面並加以整平。

5 水泥砂漿粗胚打底

· 將水泥：砂 =1：3 的比例調和抹於壁面。
· 用鋸尺、線尺整平砂漿。

6 壁面防水膠施作

7 壁磚放樣、抹漿後鋪貼

· 使用鋸齒鏝刀把益膠泥膏抹在壁面和磁磚上。
· 貼磚。

8 用橡膠槌輕敲：檢視磁磚間的平整度

9 填磚縫

· 海綿鏝刀確實填縫。
· 以海綿擦拭乾淨。

防水材料挑選注意

1. 在結構牆上噴塗水性接著底漆，可解決紅磚牆大量吸水問題，令新、舊牆面有效黏著。

2. 粗胚後使用彈性水泥塗刷、滾塗兩遍，記得乾燥後再上第二層，多層效果好但成本提高。

施作工序要點

1. 拆除牆面至底後一樣要充分清潔，避免髒汙影響後續工程穩固。

2. 牆面鋪貼磁磚若遇到冷熱管線須先進行磁磚孔徑裁切，裁切時要注意精準定位出鑽孔的位置、把尺寸放樣在磁磚上。

3. 通常壁面貼磚可能還會有層板位置，同樣需先訂位層板水平距離進行裁切。

4. 轉角處的磁磚有好幾種收邊方式（例如：45 度倒角背斜加工鋪貼、磁磚收邊條、磁磚與磁磚「蓋磚」、磁磚倒圓角加工⋯等）各有優缺點，也必須以施作現況，依磁磚本身的特性去評估，微調施工。

監工驗收要點

1. 粗胚水泥砂驗收，等牆面乾涸之後，可使用鋁壓尺等工具、肉眼檢視平整度。

2. 地坪放水時，測試與地板相連處、牆角是否滲漏。

基礎地坪防排水規劃 1：地磚硬底工法結合 100：1 洩水坡設計

浴室為重度用水區，一旦滲漏不只是自家發霉、壁癌困擾，嚴重的話還會殃及鄰居，造成鄰里間紛爭，從判斷責任歸屬，到修繕恢復賠償，漫長的解決過程，讓漏水成為公寓大樓最頭疼的問題。

為了避免陷入漏水危機，作好浴室地坪防水就成為裝修中的重點所在！地磚排水性能則是整體防水系統的第一道防線。浴室磁磚鋪貼建議採用硬底膠泥工法、搭配吸水率低的填縫劑與磁磚，組構出不滲水的地坪表面，只要再施作合理有效的排水坡度，保證水能暢通無阻地從磁磚表面流向排水孔，那浴室就不容易產生積水、滲漏發霉等狀況。

內部結構部分，浴室地面泥作一般會有四道以上防水材料複合、層層堆疊，利用剛柔並濟的防水層盡力阻擋水滲漏，加上地磚洩水坡度物理輔助，令衛浴空間徹底告別潮濕，輕鬆享受乾燥舒適的沐浴盥洗生活。

此外，若衛浴區分為乾、濕兩區，在馬桶、洗手檯一側的乾區，是否預留排水孔、地磚平貼或作洩水坡度，都可以視使用習慣與需求調整，沒有強制規定。有排水孔可輔助排水，但舊屋翻新老管道偶爾會有上下層抽菸、管道異味、甚至蟲蟻等不可控因素，裝修時可作為考量要素。

地板拆除後，在地坪結構上施作七厘石防水層，若有門檻設置需求，在此一階段也會將止水墩一體成型定位完成。圖片提供／水泥工阿鴻

在地壁轉角處鋪貼滿抗裂網，加強衛浴空間 R 角防水層施作的抗裂性能。圖片提供／水泥工阿鴻

地坪防水施工順序 step

1 **拆除至底**
・拆除至 RC 層。
・徹底清除粉塵。
・塗上彈性水泥等防水漆。

2 **做洩水坡度**
・施作七厘石防水砂漿。
・做排水坡度，建構剛性防水層。

3 **貼覆抗裂網**
・在地、壁交接處貼附 R 角抗裂網。

4 **試水**

5 **貼磚**
・施作硬底排水結構層。
・做洩水坡度。
・貼磚。

6 **填縫完成**

鋪陳浴室地坪時，可利用抗裂網、防水粉、彈性水泥等防水材，堆疊出剛柔並濟的防水結構。圖片提供／水泥工阿鴻

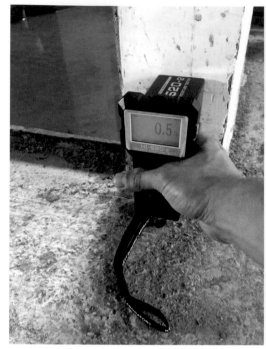

試水時可用熱顯像儀去檢查牆角、止水墩，確認是否出現顏色變化（含水），有問題區域再應用水分儀進一步確認濕度數據。這也是浴室完工後提供數據、佐證防水層有效的客觀方式。圖片提供／水泥工阿鴻

衛浴地磚的硬底膠泥拉拔工法

放樣貼磚時，排水孔十字分割線以膠泥雙面設定（磁磚背膠＋砂漿膠泥），搭配拉拔工法（整平器校正），完成施作。最後利用低吸水率的填縫材料，讓整體的擋水功效發揮極致。

洩水坡度施作

透過紅外線儀器的水平標高，準確將排水管位置的防水砂漿定位為「地坪最低點」，接著以「100 公分長度、排水 1 公分降差」的方式，設定多點防水砂漿高層，進而整平、完成排水坡度。

另外，若想做更傾斜的洩水坡度，如 75：1 甚至 50：1，雖然排水會更快，但傾斜角度會更明顯，磁磚排布也會較不平整。

防水材料挑選注意

1. 七厘石混凝土、防水砂漿是用細緻的小石子與 1：2 的泥沙配比，完成極強硬度的泥作結構層，固料的密度夠又紮實，能有效減少裂痕產生。

2. 要挑選吸水率低的優質填縫材料，完成地面防水的最終防線，也能降低變色機率。

3. 粉光打底砂漿可添加防水粉，所形成的剛性結構具備良好的防水、透氣效果，正確使用能有效減少壁癌產生。

施作工序要點

1. 七厘石混凝土攪拌時的水要酌量添加，過多的水分會影響強度（坍度要穩定）。

2. 排水孔要確實裝設在地坪磁磚最低點的十字分割線上，才能達到最佳排水效果。

3. 地坪貼抗裂網，轉折延伸壁面須高於地坪砂漿層。

4. 排水五金的安裝也要略低於磁磚，才不會積水。

監工驗收要點

1. 地坪試水時必須以不溢出止水墩高度為基準放水，經過 1～2 天後檢測牆角是否明顯滲水。

2. 簡易型貼磚驗收可以木槌或 10 元硬幣在磁磚面輕敲，聽是否有明顯、大面積空心異音。需注意磁磚不可能百分百完美黏著，少量、局部異音是正常現象。

3. 蓮蓬頭從最高點放水流，檢測是否有往排水孔順流、是否出現明顯積水。通常磁磚面有淺層攤水是正常狀況。

基礎地坪防排水規劃 2：排水五金與十字分割系統

每每洗完澡都得用刮水器「嚕」一下排水孔附近，似乎那邊的水就是排不乾淨，這種現象是由於傳統施工爲了美觀、炫技因素，地、壁磚對縫而捨棄了更重要的排水系統，排水孔就出現在磁磚中央、兩塊磚交界等處，因爲磁磚都是平面，水到了附近容易滯留，長期積水演變出日後發霉壁癌、甚至漏水問題。

看似尋常的衛浴排水五金位置，卻暗藏不積水的關鍵技巧，那就是讓地排五金安置於浴室磁磚十字分割線的最低點，即可達到物理排水最佳效益！實際做法便是用四塊地磚作初始點，溝縫自然形成一開始的十字分割線，線條延伸出去、將衛浴空間分割爲四等分，四個區域的排水坡度都能往這裡導流、排水，最終十字分割線的水再集排於排水五金內，構成最有效率的洩水坡度系統。

排水五金部分最常見的便是方形、圓形地排與長形集水槽、線槽。前者流行防蟲、防臭設計，但也相對增加卡汙垢、頭髮機率，沒有及時清理就會影響排水速度、形成排水孔積水問題，此時若乾溼區落差太小，就會有水漫出去的風險。而長型集水槽、線槽，有不鏽鋼、石材等外觀選擇，視覺上高級美觀、價格較普通地排昂貴，積水會第一時間流向此處，降板區不容易滿水溢出，裝設時表面要略低於磁磚，若衛浴有無障礙需求是不二排水選擇。需注意的是，線槽內部其實也是洩水至單一排水管，排水速度並沒有更快，加上封閉設計，得勤快清潔內部髒汙、毛髮，避免發霉、堵塞。

浴室以排水孔位置作 +0 最低基準點，作出
十字分割線放樣。圖片提供／水泥工阿鴻

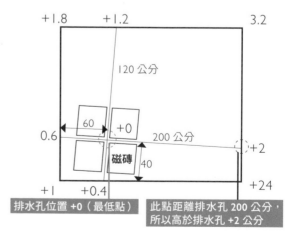

排水孔落在十字分割線上，讓浴室用水能從磚縫、
洩水坡度物理排水流出。圖片提供／水泥工阿鴻

排水五金與地磚十字分割線施工順序 step

1 設定最低基準點
- 排水孔位置為 +0 最低點基準。
- 開始作十字分割放樣。

2 先貼出起始四塊磁磚
- 起始四塊磁磚形成十字分割線。
- 後續以此再延伸往四個角落、作出四個區域的漸進坡度。

3 劃出四區洩水坡度設定
- 以長度 100 公分：落差 1 公分的排水坡度設定施工。

初始四塊磚形成十字分割線，之後再延伸浴室的四個角落，形成四個區塊排水坡度。圖片提供／水泥工阿鴻

由於管道排水孔設定情形，初始四片磚也會隨之調整，靠牆側的磚就不一定是整磚。圖片提供／水泥工阿鴻

線槽安裝注意

不鏽鋼制式線槽有 30 公分、60 公分、90 公分等多元選擇，還可訂製尺寸。泥作打底施工時就要預先以設備尺寸留出空間，以 3 公分規格為例，就得留 3.5 公分深的溝槽，在貼磚時或磁磚完成後安裝。施作時要確保五金周遭水泥砂滿漿包覆、盡量避免空洞，最後完成面需略低於磁磚面。

施作工序要點

1. 排水孔落在十字分割線上，水流可以從磚縫、傾斜坡度物理導流排出。

2. 不同區域相接處即為十字分割線延伸，水將匯流其中、再導入排水孔。

3. 若想改變排水孔位置，就要墊高衛浴地坪高度。

4. 初始四片磚會因排水孔位置調整，靠牆側的磚不一定為整磚。

監工驗收要點

1. 用雷射儀標出排水孔作最低點，再以此為基準往外作出坡度規劃，而非以素地為基準，
   因為素地有時並非完全水平，容易導致測量結果不準確。

2. 排水孔一定得是浴室地坪最低點、通常會略低於地磚水平高度位置。

3. 試水時，水應隨著十字分割線延伸，導流入排水孔。

4. 排水順暢應優先於磁磚對縫，要捨棄地壁對縫迷思。

基礎地坪防排水規劃 3：門檻斷水路，徹底阻絕濕氣防霉

浴室門檻銜接潮濕用水區與日常生活空間，擔負著阻隔水氣、積水溢流的重責大任，常見的客廳、臥室木地板莫名發霉、發黑案例，十之八九都是與相鄰衛浴擋水門檻沒做好導致！

門檻施作是從地坪基礎工程的鋪覆七厘石砂漿就已經開始，此時要立止水墩，從止水墩徹底阻絕底部滲水，此外門檻凹槽需填滿防水泥膏，用力壓好貼緊於止水墩上，最後在磁磚相鄰轉角補上填縫劑與矽利康，層層防水工序，確實斷水路，讓居家衛浴用水無須擔心受怕。

常見的門檻材質為石材、人造石兩種，一字凹槽造型，市面上有 70 公分、80 公分、90 公分等多種制式尺寸，可供師傅現場裁切使用。另外也有訂製產品，能自由選擇符合設計的石材花紋，進一步導圓角、水磨加工。值得一提的是乾、濕區降板衛浴因為乾區地坪會微幅提高，與室內交接處可以用特製 L 型門檻過渡，在細節上展現搭配巧思。

門檻除了 70 ～ 90 公分的制式大小、造型，還可依照現場尺寸訂製，進行導圓、水磨、L 造型等進階加工。圖片提供／水泥工阿鴻

衛浴地坪需使用加入防水粉的七厘石砂漿打底，塗布於拆除後地面，重新鋪陳堅固抗裂的新結構。止水墩須一體成型，避免異材質銜接、杜絕二工裂痕問題。圖片提供／水泥工阿鴻

衛浴門檻施工順序 step

1 門檻內填滿防水泥膏
- ・磁磚貼到門檻邊、切齊止水墩。
- ・將適當比例的泥膏砂漿加入防水粉，填滿門檻內側。

2 安裝
- ・將填滿砂漿門檻灑水泥粉固化軟漿表面、避免溢流。
- ・裝於止水墩上。

3 填縫
- ・按壓貼緊後，擦淨溢出泥漿。
- ・與相鄰磁磚做填縫處理。

4 矽利康收尾：在門檻、磁磚接合處打矽利康，加強防水效果

將泥膏砂漿裝入門檻，要確實填至飽和滿漿，避免產生空洞、影響未來擋水效果。圖片提供／水泥工阿鴻

最後在門檻、磁磚接合處打上矽利康收尾，提升擋水效果；此外建議選用灰色系矽利康，較能抗汙。圖片提供／水泥工阿鴻

施作工序要點

1. 止水墩爲一體成型設計，沒有異材質銜接裂隙問題，利用七厘石防水砂漿打造出剛性防水底層結構。

2. 浴室止水墩除了直接防止浴室用水的溢流外，更可以有效屏蔽地板砂漿層的水氣。

3. 封邊建議選灰色系矽利康，抗汙效果好，不易變黃、發霉。

4. 不要圖快速省事而選擇「門檻團貼工法」，即在門檻內側僅注入矽利康就直接安置於地坪，這樣大概只有固定效果，防水滲漏效果微乎其微。

監工驗收要點

1. 門檻要確定從頭到尾、一字型滿漿黏著鋪貼，如此一來才能有效擋住滲入門檻縫隙水分，避免相鄰室內空間木地板潮濕發黑。

2. 無論是常見的石材或其他材質門檻，轉角處的異材質銜接最好都能打矽利康作最後一道防水防線。

淋浴間排水基礎：高低落差設計攔水，創造獨立排水系統

居家衛浴通常以乾、濕分離爲主要設計概念，規劃爲大量用水的淋浴「濕區」，與包含洗手台、馬桶的相對「乾區」，如此設定讓衛浴的潮濕程度與需防水程度徹底區分，日常上廁所就不用時時面對地板潮濕的困擾啦！

乾、濕區降板差即墊高乾區地坪，把淋浴間用水阻攔在降板的「水槽」內，透過自身的洩水坡度、排水孔，將水排出。兩區高低差建議設定爲 2 公分～3 公分，以免落差太小容易絆倒受傷；同時 2 公分的最低限度足以成爲隔斷乾、濕區的屏障，讓濕區自然變身用水區的「水盆」。不過降板設計會造成乾區完成面變高，要事先規劃好與室內地坪的相對高度調整、平衡。值得注意的是，兩區高低差形成溝縫，可裁磚填補，但若縫隙小於 2 公分，記得使用填縫劑與矽利康確實補滿，以免成爲滲漏死角。

此外，乾區可選擇做做洩水坡度、還是水平鋪貼即可，以及是否預留排水孔，這部分視屋主需求、習慣而定，唯一需注意的是，若施作排水坡度將影響玻璃訂製尺寸，須提前告知淋浴玻璃廠商。

作乾濕區降板差之前，要抓出濕區的洩水坡度設定，首先以防水砂漿爲淋浴區打底。圖片提供／水泥工阿鴻

淋浴間地磚排水鋪貼，建議採用硬底膠泥拉拔工法，讓表面形成平整緩坡，達到最佳導流效果。圖片提供／水泥工阿鴻

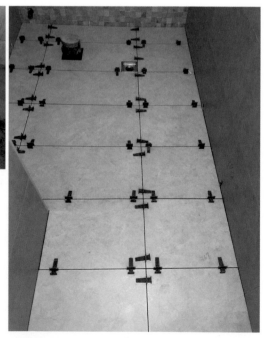

浴室乾溼區降板差施工順序 step

1 以排水孔作淋浴間最低點

2 濕區排水坡度設定：排水坡度以 100:1 設定施工

3 乾區墊高
· 以濕區排水坡度爲基礎、確認乾區加高數值。
· 防水砂漿墊高、整平。
· 作濕區排水坡度 。

4 降板區貼磚
· 等砂漿硬固。
· 磁磚以黏著膠泥雙面（砂漿面與磁磚背面）鋪貼已設定砂漿排水地坪。

5 高低差補磚、塡實

6 磁磚塡縫

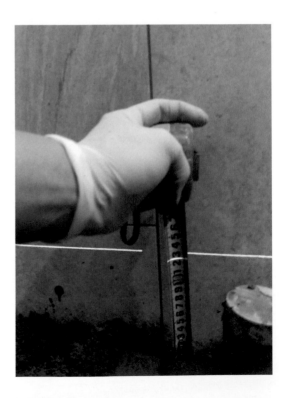

淋浴間降板區的砂漿水平線定位低點，即排水孔最高處。圖片提供／水泥工阿鴻

使用鋸齒鏝刀把益膠泥膏抹在地面和磁磚背面，再鋪貼上去，貼好後稍微輕敲均勻拍打。攝影／許嘉芬

施作工序要點

1. 乾、濕區高低差最好設定為 2～3 公分，足以攔住濕區積水，同時避免落差太小絆倒受傷。

2. 選用防蟲、防臭排水孔五金，使用後要及時清潔，以免影響排水速度造成濕區積水溢出。

3. 降板的高低差交界建議用磁磚或石材收尾，因這兩種材質擋水效果佳。

4. 銜接磁磚落差介面，需選用完整磁磚修邊面朝上鋪貼！師傅現場裁切的磁磚邊通常很銳利，須特別小心避免割傷危險。

監工驗收要點

1. 排水系統測試浴室試水

2. 乾、濕區立面高低差需貼磚擋水，若低於 2 公分形成自然縫，最好用填縫劑填飽合、搭配矽利康，盡力阻隔水滲漏。

淋浴間排水進階工程：泥作截水溝開放導流，解決溢水告別清潔煩惱

淋浴間常使用線板作排水五金，看上去簡潔平整，但實際上日常生活使用下來卻發現，排水槽一般呈狹窄細長狀，清潔起來不是很方便，因此長期身處於潮濕之下的小盒子非常容易藏汙納垢，日積月累便出現發霉發臭困擾！此外，線槽安裝上很難與砂漿緊密黏著，無法滿漿會造成鐵件下方空隙含水，提升房子漏水可能，此時可考慮用泥作截水溝替代！這裡所說的「截水溝」是運用泥作磁磚鋪貼，在淋浴區排水孔附近局部作排水降板差，如此一來就能有效取代線槽、達到排水、導水效果。

泥作截水溝就像淋浴區的「護城河」，在淋浴區的洩水坡底部抓出一字形、與排水孔等寬的磁磚泥作小緩坡，沐浴使用的大量積水能優先導流到這裡，降低溢出可能，最後再順暢排出。開放設計通風透氣、清潔方便，具備線槽暫時集水優點，卻能有效規避線槽封閉卡垢、發霉等問題。

在截水溝施作上，講究各種細節處理，非常考驗師傅本身技巧與經驗，抓出高、低點，做好排水坡度，搭配磁磚的硬底膠泥拉拔工法，確保濕區防水結構層層防護。

由磁磚打造的淋浴間截水溝，用來進階輔助降板濕區物理排水導流用途。攝影／許嘉芬

截水溝要精準對齊排水孔、同時與排水五金同寬，保證貼磚後能順利讓水流進入排水管。攝影／許嘉芬

截水溝施工順序 step

1 淋浴間地磚設置兩個排水系統

· 「地磚排水於泥作截水溝」的排水系統。
· 「截水溝導水入排水五金」的排水系統。

2 「淋浴間降板式排水」磁磚鋪貼重點

如圖片顯示，點 1、2、3 在同一個水平高度下來檢視

· 「點 1」要略高於「點 2」，讓水完全的排入「磁磚截水溝」。
· 「點 2」與「點 3」的現場距離 110 公分，於是設定排水坡度為 1.1 公分的高低差。

泥作截水溝相當考驗施作細緻度，為了排水順暢需微調地板高低差，做好洩水坡度。圖片提供／水泥工阿鴻

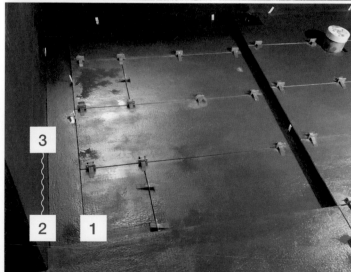

110

使用鋸齒鏝刀把益膠泥膏抹在地面和磁磚背面,再鋪貼上去,貼好後稍微輕敲均勻拍打。攝影/許嘉芬

施作工序要點

1. 排水五金的安裝確定要略低於磁磚,避免積水情況發生。

2. 銜接兩個地磚排水系統的磁磚落差介面,必須選用整磚面鋪貼。

3. 排水孔為濕區地坪 +0 最低點,泥作截水溝高點則按照整體濕區高度回抓。

4. 截水溝寬度要跟排水孔五金等寬,務必精準,讓水能順利導流排出。

監工驗收要點

1. 用蓮蓬頭在高處淋水,測試淋浴間排水坡度是否順暢、不積水。

2. 檢查排水五金孔徑與排水管是否準確對準,一旦歪斜容易淋濕周遭砂漿,導致吸水滲水。

嵌入式浴缸防排水：浴缸安裝前確認排水孔位置，防水洩水地坪要做好

台灣住家浴缸以嵌入式設計最為常見，由局部磚砌泥作搭配浴缸主體，具備穩固、好清潔、有置物小平台等優點，缺點是無法隨意移動改位置，同時出現漏水問題就得拆除泥作、大費周章，因此為了延長使用年限，一開始裝設浴缸與地坪排水就得好好考慮防水、排水規劃！

由於嵌入式浴缸與泥作結構為異材質銜接，即使打了矽利康也無法完全隔絕水滲漏可能，所以會在浴缸下方作好防水層，設定止水墩，區分浴缸下與浴室其他機能空間的排水系統。最重要的是，規劃此區地坪排水坡度，讓溢流水能順利流入排水孔，成為阻止滲漏的最後一道防線。

另外，時髦美觀的獨立浴缸是室內設計中的一道風景，造型多變，不受限於乾、濕區，擺放位置靈活有彈性，但仍得事先依照安置方向，設定排水孔，選擇是否作洩水坡度與地排；另外陶瓷材質怕碰撞、造價較高，清潔死角多需時常清潔。

而傳統磚砌浴缸施工步驟複雜，要磚牆交丁施作、植筋、防水水泥砂漿、抗裂網滿鋪，盡力跟舊結構結合。然而即使預防措施完備，若是高樓層遭遇地震，二次施工的縫隙開裂，加上澡池放水水壓大，此時仍然會有漏水可能，在裝修前要考量清楚。

裝設嵌入式浴缸時，建議先立完浴缸後再貼磚，能更微調、遮蔽缸體與泥作的縫隙，避免平台凹槽、積水問題。圖片提供／水泥工阿鴻

浴缸與泥作銜接處雖然有打矽利康，但日久難免有水氣滲漏、溢流現象，所以一開始就會在浴缸下方作好防水，設定止水墩、洩水坡度與排水孔等獨立排水系統。圖片提供／水泥工阿鴻

嵌入式浴缸防水 step

1 **鋪七厘石防水砂漿**　　　　・地坪鋪覆防水砂漿打底。

2 **設置洩水坡度**　　　　　　・地坪依據排水孔位置做出洩水坡度。

3 **塗防水彈泥**　　　　　　　・浴缸側牆與底部刷塗彈性水泥等防水材料。

4 **設定止水墩**　　　　　　　・利用類似門檻功能的止水墩，建構浴缸下方的獨立排水系統。

5 **立浴缸**　　　　　　　　　・水電進場立浴缸。

6 **打矽利康**　　　　　　　　・泥作牆與浴缸交接處打滿矽利康斷水。

7 **貼磚**　　　　　　　　　　・先立浴缸再貼邊牆磁磚，能多擋住縫隙、避免平台凹槽積水問題。

8 **填縫**　　　　　　　　　　・磁磚貼好後、與浴缸相鄰處塗抹一層水泥填縫劑。

嵌入式浴缸放置預定空間後，利用磚砌輔助，由兩邊垂直線、拉橫線由兩側往上堆疊、施作泥作框架支撐。圖片提供／水泥工阿鴻

浴缸邊通常會留約 3 公分厚，可用泥膏將磁磚平台墊出斜坡、作排水坡度，注意高度不能超過浴缸、破壞美觀。圖片提供／水泥工阿鴻

磚砌浴缸施作順序

1. 檢視浴室大小、動線

2. 確認浴缸裝設方向

3. 抓洩水坡度

4. 防水施工

5. 貼磚填縫

6. 測試排水順暢、不漏水

市售嵌入式浴缸施作順序

1. 檢視浴室大小、動線

2. 確認浴缸裝設方向

3. 抓洩水坡度

4. 砌四周磚牆

5. 防水施工

6. 浴缸安裝

7. 預留檢修孔

8. 測試排水順暢、不漏水

施作工序要點

1. 要請水電師傅將排水孔的管子裁切與地面齊平，避免阻礙水流導出。

2. 立完浴缸後再貼磚，能再多擋住一點缸體與泥作的縫隙，減少平台凹槽、積水問題。

3. 裝好浴缸後，在與泥作牆面異材質交接處，可先將矽利康打滿、達到斷水作用，等磁磚貼好再塗抹水泥填縫劑。

4. 浴缸側邊靠近排水孔處，可預留維修孔方便日後檢修使用；若為了美觀外面鋪貼磁磚，孔洞則得比單片磚再小一點，之後單拆一片磚即可。

監工驗收要點

1. 浴缸區塊需規劃止水墩、洩水坡度、防水工序等獨立排水系統，避免日後出現漏水狀況處理困難。

2. 浴缸邊通常會有約 3 公分厚度，可用泥膏將磁磚平台墊出斜坡、作排水坡度，要小心高度不能超過浴缸、破壞美觀。

3. 浴缸與磁磚交界要作好擋水，打矽利康要確實、封閉阻隔水氣滲入。

天花板工法

浴室天花板處於會接觸大量濕氣的區域，要避免出現黴菌侵擾，材質選擇十分重要，目前坊間最常見的浴室天花材質有矽酸鈣板與 PVC 塑膠板兩種，選擇上除預算考量，也可考慮有對外窗的浴室使用矽酸鈣板、無對外窗的浴室則選擇防水性較佳的 PVC 塑膠板。

PVC 塑膠：防水耐潮且容易清潔

PVC 塑膠具有材質輕、防水、耐潮濕與容易清潔等特性，是目前台灣浴室天花最常使用的材質。PVC 塑膠板需注意清潔方式，若有髒汙，以清水、濕布擦拭即可，千萬不可以菜瓜布刷洗，會造成表面出現刮痕，日後易發霉。另外，使用清潔劑則可能讓亮面材質受損，造成局部霧面，整體感覺不美觀。

目前 PVC 塑膠板花色多達 10 多種，有仿木紋、霧面與亮面等可供選擇，若選擇純白色，要注意日後可能會出現泛黃現象，亮面材質則易有廉價感。另外一般多認為塑膠板不耐高溫，目前南亞品牌有推出通過國家耐燃標準的 PVC 塑膠板，若想加強浴室的防火性能，也可多比較不同品牌的 PVC 塑膠板耐燃性。

PVC 塑膠板寬度約為 8 寸，長度則會依照現場需要裁切，若是浴室面積大於兩坪以上，不適合使用 PVC 塑膠板做為天花材質，因材質較軟，長度過長時容易彎曲變形，影響天花貼合程度，應改用矽酸鈣板較為適合。

近年來 PVC 塑膠板樣式增加許多，霧面白色材質可與暖風機、抽風機搭配使用，但須注意只能使用清水與濕布清潔，以免損傷表面日後易發霉。圖片提供／佑揚設計工程

若有管線低於天花板高度,需先做包管動作,一般多以木板進行,若追求整體性以 PVC 板施工則難度較高。圖片提供／佑揚設計工程

PVC 塑膠天花施工順序 step

1 ## 確認浴室其他工序完成

· 浴室工序依序為泥作、防水、貼磚、水電、天花封板、裝設淋浴拉門與馬桶浴缸等衛浴設備,因此裝設浴室天花前,需確認所有要安置在天花上方空間的管線電路,都需於天花封板前完成。

2 ## 現場放樣

· 將設計圖上天花的尺寸高度、燈具、維修孔等位置標記,並確認暖風機安裝位置與蓮蓬頭高度等。
· PVC 塑膠板天花通常都只做單層平面,安裝高度會貼齊牆壁磁磚高度,若遇到浴室管線有低於磁磚高度而外露的部分,需先做包管再進行。

3 ## 管線佈設

· 設置排風照明電路、暖風機專用迴路與線路管、風管等相關電線管路工程。

4 ## 安裝邊材吊筋

· 在牆面安裝天花板邊框,並佈吊筋支撐天花板重量。
· PVC 天花的骨架可選用塑膠角料或實木角料,實木角料較怕潮濕,也可能會出現蟲蛀與白蟻等問題。

5 ## 安裝 PVC 塑膠板與收邊

· 鋪設封頂後以收邊條收邊,最好不要使用矽利康,以免日後容易發霉。

天花板高度可參考磁磚高度,也需注意所有的電路管線與風管設置都需先行完成。圖片提供／佑揚設計工程

角材間距不可過大,最好維持在30～36公分之間,吊筋數量一坪至少要有兩支,才能確保天花板的耐用與安全。圖片提供／佑揚設計工程

施作工序要點

1. PVC 塑膠板通常不太適合做為包管材料,因材質較軟、施作難度高,多以木板進行包管再上油漆保護。但因浴室潮濕,包括若有設置木窗簾盒,油漆最好是選擇室外用晴雨漆,一般室內水泥漆日後容易產生剝落情形。另外 PVC 塑膠板長邊鋪設方向,多與進門方向維持 90 度形成橫向線條,看起來較為美觀。

2. 天花板高度除考量壁面磁磚高度,也需考量抽風機與暖風機的機體厚度。抽風機需留 20 公分、暖風機則保留 30 公分空間易於散熱,也需注意暖風機的風管位置是否會卡到角材。(如右圖)

圖片提供／佑揚設計工程

3. 浴室暖風機最好設有獨立迴路以保障用電安全,並需在天花板裝設前就要安裝完成。若裝設有線暖風機,控制線路最好設置專管,因其尾端控制線的線頭很大,與其他線路共管可能線會穿不過去。

4. 抽風機與電燈開關最好分開控制,以免日後更動時,電線不容易穿進管路中。

5. 燈具開孔需將下方設備位置一併考量進去,例如燈具開孔下方不要位於乾濕區界線處,看起來不美觀,靠近吊櫃開門處也容易撞到,尤其裝設天花板時這些設備還未就定位,因此開孔前要確認下方設備位置,一旦開孔後就無法修改了。

1. 裝設天花板最常見的問題是角料因為磁磚厚度佔據所剩無幾，這時一定要多墊角料出來增加天花吃力處，否則颱風時風洞效應會讓天花容易發生崩塌。釘子則最好選擇不鏽鋼以免潮濕生鏽。吊筋數量通常一坪至少要有兩支，角材間距則為 30 ～ 36 公分，才能確保耐用程度。

2. 暖風機非正方形，開孔時需注意其長短邊的方向性，確認風扇的吹風方向，能將安裝在乾區的暖風機風向吹往濕區。

3. 裝設吸頂燈時，開孔周圍要加強，因為鎖螺絲處只靠天花厚度不夠牢固。嵌燈則需注意開孔上方不能是角材結構，會影響天花安全。

4. 早期有些浴室設計，會將淋浴濕區的透明隔板往上頂到浴室天花，需注意這樣設計很容易讓濕區發霉，應盡量避免。

5. 天花工序會包含排風扇與暖風機的風管裝設，需注意風管與排風孔口徑是否相差過大，這樣會容易讓廢氣回流浴室充斥臭味，最好使用適合排風孔口徑的塑膠管來封管，連接處再做纏繞封實，才能完全遏止浴室異味，或使用逆止閥讓廢氣完全排入管道間，防止不同樓層的味道互相竄味。（如右圖）

圖片提供／佑揚設計工程

矽酸鈣板：材質堅硬且較為美觀

矽酸鈣板是由石英粉、矽藻土 、水泥、石灰、紙漿、玻璃纖維等原料，經過層疊加壓而成的輕質板材。浴室天花選擇使用矽酸鈣板，其目的多為希望與室內其他空間設計保有整體性，矽酸鈣板的外觀也較 PVC 塑膠板美觀。因其材質較 PVC 塑膠板硬，能做大面積使用，因此兩坪以上的浴室空間，最好使用矽酸鈣板做為天花材質。

矽酸鈣板也是防火材料，可保障室內防火效能。缺點是矽酸鈣板切割機台較大，除需要較大施工空間，施作時亦會產生許多粉塵，若是浴室局部施工會影響到其他居住空間。矽酸鈣板雖具有防潮功能但不防水，顏色可依業主喜好油漆上色，因此工序較多，除封釘還有多道批土、油漆等工序，費用較 PVC 塑膠天花高，產生髒汙時也不容易清潔。另外矽酸鈣板承重度較差，如需在矽酸鈣板天花上懸掛重物時，需注意局部加強。

矽酸鈣天花經過批土油漆後能呈現無接縫狀態，視覺上較 PVC 塑膠天花美觀，可與室內其他空間設計保有一致性。圖片提供／佑揚設計工程

矽酸鈣天花具防火性但不防水，使用上需注意勿將水往上噴灑，若有髒汙也不易處理。圖片提供／佑揚設計工程

矽酸鈣板天花施工順序 step

① 確認浴室其他工序完成

· 浴室工序依序爲泥作、防水、貼磚、水電、天花封板、裝設淋浴拉門與馬桶浴缸等衛浴設備，裝設浴室天花前最重要是所有要安置在天花上空間的管線電路，其施作與確認都需在天花封板前完成。

② 現場放樣

· 將設計圖上天花的尺寸高度、燈具、維修孔等位置標記，以及確認暖風機安裝位置與蓮蓬頭高度等。
· 安裝高度需貼齊牆壁磁磚高度。

③ 管線佈設

· 設置排風、照明電路、暖風機專用迴路與線路管、風管等相關電線管路工程。

④ 安裝邊材吊筋

· 在牆面安裝天花板邊框，並佈吊筋支撐天花板重量。
· 矽酸鈣板天花骨架多選擇集層角材，集層角材是以一層層木屑貼起製成，浴室潮濕雖可能讓集層角材脫膠，但相形實木角材遇濕時容易扭轉變形，集層角材不容易因濕氣變形，形狀更穩定。
· 天花角料間距要維持在 30 至 45 公分間，矽酸鈣板的邊緣盡量與角材邊緣抓平，否則突出處事後需用刨刀修平會很浪費時間。

⑤ 安裝矽酸鈣板與收邊

· 鋪設封頂後與壁面需留縫以填補 AB 膠，收邊不建議使用批土，萬一遇地震或熱脹冷縮時，四周容易產生皸裂，以線板收邊卽可，若使用矽利康收邊，日後容易發霉。

因浴室爲潮濕區域，挑選油漆需注意使用室外用晴雨漆等較耐濕防水的漆種，以免日後產生剝落情形。圖片提供／佑揚設計工程

矽酸鈣板需留 3mm 的縫隙以提供熱脹冷縮空間，也能爲油漆師傅預留填補 AB 膠空間，以進行後續批土油漆動作。圖片提供／佑揚設計工程

施作工序要點

1. 日製矽酸鈣板品質較台製與中國製爲佳，費用也較高。所有矽酸鈣板拼接處，需預留 3mm 間隙做爲熱脹冷縮的彈性空間，也是讓油漆工序填補 AB 膠使用。而日製矽酸鈣板邊緣沒有倒角，需先做好倒角方便更多 AB 膠填入，讓板材更爲密合，油漆面更平順。

2. 矽酸鈣板與角材釘合後，最好要進行抹膠工序，可增加矽酸鈣板牢固性，避免日後油漆表面龜裂影響驗收。而白膠可適度加水稀釋使用，利用矽酸鈣板吸濕與角材有孔隙之特性，讓白膠滲入速度快速，也能讓兩者更密合。

3. 矽酸鈣板若使用於浴室天花，需更注意油漆漆種，因爲矽酸鈣板無法清潔，一般水泥漆容易發霉，出現髒汙無法處理。另外若矽酸鈣天花上方漏水，也會讓表面出現髒汙痕跡。

4. 浴室常見的異味問題，也是浴室天花工程重點之一。一般常見浴室傳入其他住戶菸味與或常有臭味，通常是經由共同管道間逸入，或是自家廢氣沒有完全排放到管道間，所以進行天花工程是處理這類問題的最佳時機。最常出現是管道間壁面有破洞缺口，讓其他住戶排放的廢氣從破洞進入自家浴室，或是自家排氣管口徑與管道間的通氣孔口徑不密合，造成廢氣回流，這些補強工程都可在天花封頂前完成。

監工驗收要點

1. 固定矽酸鈣板表面會出現大量釘孔，最好選用不鏽鋼釘，才可以避免日後天花出現點點釘子鏽斑。釘矽酸鈣板前，要先知道角料位置後再進行上釘動作，不然釘槍會直接打穿矽酸鈣板留下釘孔洞。

2. 監工時要注意，木工釘完矽酸鈣板後，有沒有留足夠縫隙給油漆填 AB 膠。

3. 監工時要注意釘孔深度需否足夠，不可外露出矽酸鈣板表面，凸出會影響批土平整度，因此要注意釘孔有凹下矽酸鈣板表面，才能讓批土與油漆面平整。

4. 批土至少要施作 2～3 次，以手摸起來沒凸起爲佳，並需注意有沒有釘洞跟縫隙沒被填補到，以免日後產生裂痕。

浴室天花板材質比較

材質	矽酸鈣板	PVC 塑膠
優點	1. 防火。 2. 環保建材。 3. 與室內裝潢保有一致性，較爲美觀。	1. 防水性佳耐潮濕。 2. 價格較親民。 3. 容易清潔。
缺點	1. 工序複雜工期較長。 2. 價格較 PVC 塑膠板高。 3. 施工現場需要空間較大，粉塵量多。	1. 有耐燃等級。 2. 材質硬度較軟，不適合兩坪以上的浴室空間。

浴缸工法

浴缸工法雖因不同形式而有不同工序，但裝設浴缸的地坪平整度、防水層完整度，洩水坡度方向設計這三大點則是共通法則。而嵌入式浴缸可活用空間、方便清潔，下沉式浴缸讓浴室空間看起來更寬敞，獨立式浴缸則因造型多變，讓浴室整體氛圍更加時尚，可依照浴室條件選擇。

嵌入式浴缸：無長短尺寸限制，有效運用角落空間

嵌入式浴缸是目前最多人使用的浴缸形式，除了浴缸材質有多種選擇，也可於泥作時直接塑形貼磚，更具個人風格。嵌入式浴缸與壁面間會砌出一個平台稱為側牆，除可放置沐浴用品、增加置物空間，搭配壁面安全扶手對進出浴缸也安全保障，相較獨立式浴缸更適合長輩使用，也較容易清潔。

嵌入式浴缸無長短邊尺寸限制，靈活度高，可有效運用角落空間，能適用於各種浴室。缺點是完成後不能隨意調整位置，維修較為困難，安裝前需先考慮好各種管線與水龍頭的相對位置並預設好檢修孔，才能方便日後維修，若裝設按摩式浴缸管線則更為複雜，可能需開到兩個檢修孔以上。

嵌入式浴缸可利用浴室靠牆的畸零空間，並可利用側牆做為置物空間，缸體材質形狀亦有多種選擇。圖片提供／福研設計

嵌入式浴缸施工順序 step

1 設置浴缸底座

· 浴室泥作打底後，砌兩吋磚矮牆做為浴缸底座，缸尾若有多餘空間則砌磚填實。

2 確認排水口位置

· 確保放置浴缸的地面平整、確認排水口位置，防水層可進行 24 小時蓄水試驗確認有無滲漏。
· 若地面不平，可砌浴缸基座，位置視所購買浴缸底腳位置而定。

3 視浴缸龍頭款式預作壁面規劃

· 水龍頭款式可分為埋壁式或三件式、四件式、五件式等不同種類，需預先確認管路裝設位置與水龍頭出口位置。

4 固定浴缸

· 若為鑄鐵浴缸等重量較重的浴缸，需預留足夠人員移動與安裝的空間。
· 安裝時可調整浴缸腳架並以水平尺確認浴缸水平，浴缸邊緣與牆面，需留出磁磚厚度加上黏著劑厚度再加 5mm 的總厚度，是之後貼壁磚與填補矽利康的空間。

5 砌浴缸立面磚牆

· 砌牆時需考量浴室壁磚規格，收邊才會漂亮，同時也要預留維修孔，以能單手伸進碰到排水管為原則。
· 完成後對浴缸本體進行保護，以免之後進行後續工序時刮壞浴缸表面。

嵌入式浴缸須注意地坪需設置兩個出水孔，一個是突出地面供浴缸排水使用，另一個地面排水孔則是讓浴缸壁外層的水氣凝結後排出，才不會造成內部濕氣發霉。圖片提供／福研設計

嵌入式浴缸不論是否先設置立牆，皆需考慮到搬運與施工人員的站立空間，放置後也需測量水平與洩水坡度是否能將水順利排出。圖片提供／福研設計

施作工序要點

1. 浴缸區域需留兩個排水孔，一個是排放浴缸用水以軟管連接，另一個是浴缸區域的地面排水，因浴缸與磚牆的保溫空間可能會產生水氣。

2. 若爲浴缸側牆以旋鈕開關的落水頭，需注意預留檢修孔方便日後維修。

3. 浴缸龍頭若爲檯面三件式或五件式龍頭，需預想安裝方式，若爲固定在蓋板上再安裝，則要先預留檯面位置與檢修孔。

4. 浴缸旁側牆平台需注意洩水坡度與方向性，以免日後積水。

監工驗收要點

1. 裝設浴缸前要注意防水層是否完整，也要注意是否留有浴缸區域的地面排水孔，以免日後浴缸與牆體之間的內部區域發霉。銜接浴缸排水的排水孔管要凸出地面，以方便裝設軟管。

2. 若裝設按摩浴缸，需注意按照原廠要求裝設檢修孔。

3. 若先裝設好正面立牆才安裝浴缸，需考量搬動與安裝路徑等可能性。

4. 所有需維修的五金都需設有相對應的維修孔。

下沉式浴缸：客製化程度高，全齡可使用

下沉式浴缸又稱降板浴缸，通常是建商在建造時即預先規劃，若之後才變更設計就需經過配管、填高才能完成。因使用泥作磚砌工法打底成型，可依設計來規劃造型尺寸，表面則可彈性挑選石材、磁磚、馬賽克、洗石子等不同材質，來呈現浴室空間不同的氛圍與意境。

下沉式浴缸可依現場量身客製化尺寸，能充分運用浴室畸零空間，另外因其高度降低，可讓浴室空間看起來更大，也方便長輩小孩進出，適合全齡使用。缺點是磚砌浴缸通常面積較大，保溫效果較差；磚砌式的設計與施工，也限制了未來調整彈性，因此要移動與維修管線都相對較不容易，且造價相對昂貴，施工較為困難。

下沉式浴缸因使用泥作磚砌工法打底成型，可依設計來規劃造型尺寸，以石材、磁磚、馬賽克、洗石子等不同材質，來呈現出浴室空間不同的氛圍與意境。圖片提供／大湖森林室內設計

下沉式浴缸施工順序 step

1 **放樣**
· 依設計圖面現場放樣，此階段非常重要，凡與下沉式浴缸有關的設備、材料與廠商等，都要準備好所需資料在現場溝通，確認施工介面的細節與流程，才能確保完成度。

2 **泥作砌磚打底**
· 磁磚的尺寸、規格與厚度，加上中間施工材料的厚度，以及將來完成面在什麼位置、完成面的寬度與高度，都會涉及水電設備的配管，需要高度精準估算。

3 **水電管線配置**
· 冷水、熱水的管線位置，以及排水口、溢水口，與高度有關的裝設，都要以輔助線進行測試。

4 **防水施作、試水**
· 防水要形成地壁面一體成型，所有 90 度轉角位置都需以玻璃纖維網補強。

5 **貼磚抹縫**
· 若以石材或石磚作爲浴缸表面材較好施工，因可現場直接丈量裁切。
· 若是馬賽克磚作爲表面材質，則須注意顆粒排列的花紋圖案與縫隙、厚度，才能讓浴缸的平面、立面與轉角處都顯得漂亮，因此在放樣打粗底時，需清楚計算每一顆馬賽克磚的尺寸與位置。

6 **相關設備安裝**
· 最後安裝水龍頭，浴缸地排以及外側排水溝，若有按摩設備與燈光設備，也是在此階段裝設完工。

下沉式浴缸貼馬賽克磁磚時，要注意圖案花紋的方向性，且需從平面、立面與轉彎處做立體思考，才能讓花紋表現完美。圖片提供／大湖森林室內設計

現場所有工序息息相關，需經過仔細計算，每一個環節完工前後都需不斷確認，以免出錯要全部拆掉重新來過。圖片提供／大湖森林室內設計

施作工序要點

1. 除了放樣務必精準，在每個階段完成時，設計師與相關廠商都要進行每階段工程確認，因為若產生錯誤，就得全部打掉回頭修改，非常耗費時間與施工成本，設計師必須不厭其煩確認每道工序都精準完成，才開始下一道工序。

2. 開工前，要裝設的設備最好都運到現場，並與所有廠商一起進行會勘，溝通各工種施工介面與流程順序。

3. 泥作、水電等主力工種執行精準度要更為加強，才不會讓後續工序出現問題。

4. 防水工程需加強轉角抗裂，並進行試水來確認防水。

監工驗收要點

1. 泥作、水電、設備等施作尺寸是否正確。

2. 測試防水要達到滴水不漏的完整度。

3. 泥作貼磚，其收頭收尾與地坪洩水是否順暢。

4. 水電設備安裝是否有達到圖面要求。

獨立浴缸：造型時髦多變，日後維修最方便

獨立式浴缸造型時髦多變，有不規則、圓形、橢圓等各種形狀，可依照想要的浴室風格與氛圍來挑選，滿足獨特性。不需靠牆安裝，工法相較嵌入式浴缸簡單，只要裝設空間的尺寸與進出水口位置允許，就能夠安裝獨立式浴缸，想移動時也隨時能移動，裝設相當靈活方便，且因爲可移動的特性，日後若浴室發生漏水問題時，檢修施工起來較爲方便。

獨立式浴缸需要較大使用面積，最好長寬各保留 200 公分的空間，才能有良好的動線與展示效果。價位較嵌入式浴缸高，周圍無置物空間需另設放置清潔用品的層架或空間。浴缸高度進出不便，若選擇較輕的浴缸材質，在無裝水的情況下可能會移動，不適合長輩使用。若是放置在浴室角落，其縫隙死角多，不易清潔，設置在浴室正中央則無此問題。

獨立式浴缸造型多變具有時尚性，施工方式較爲簡
單，因其位置並未以泥作方式固定，日後要更換維修
也較爲靈活。圖片提供／福研設計

獨立浴缸施工順序 step

1 確認排水口位置

・確認地面排水孔位置，若能被浴缸蓋住就能直接接上軟管排水，因此須注意排水孔位置不能離壁面太近，最好相距 35 公分以上。

2 視浴缸龍頭款式預作規劃

・若為埋壁式龍頭，最好是裝設在容易開關的地方，不需要越過浴缸才能使用。

3 固定浴缸

・浴缸與四邊牆壁至少脫開 5 到 10 公分的縫隙，方便日後清潔。
・須注意現場大門與浴室門的尺寸是否能讓浴缸進入，浴室牆面寬度需大於浴缸長度與浴缸旋轉更換方向的圓弧直徑。

獨立式浴缸儘管安裝工序不若其他浴缸工序複雜，但仍須考量到水龍頭的位置、高度與形式，是否能符合之後的浴缸樣式。圖片提供／福研設計

獨立式浴缸須注意排水孔位置與洩水坡的相對關係，確認排水時會順向流入排水孔，並注意周圍磁磚要設置防滑性高的磁磚，保障進出安全。圖片提供／福研設計

施作工序要點

1. 獨立式浴缸與龍頭的相對位置非常重要，埋牆式龍頭伸出的長度與浴缸樣式需搭配，以免發生水龍頭長度不足遇上浴缸壁體斜度較長，放水時會直接打到壁體濺出浴缸外的情形。埋地式龍頭位置也需精確，所有配件管線都要於泥作工程時預先埋好。

2. 若為獨立式浴缸專設一個排水孔，須注意排水孔位置與洩水坡的相對關係，確認排水時會順向流入排水孔。

3. 獨立式浴缸周圍的磁磚要選擇防滑性高的地磚，以保障出入浴缸安全。

4. 獨立式浴缸包裝運送時多有木頭框保護，需確認電梯大小與室內是否有足夠空間可以拆卸木框。

監工驗收要點

1. 確認水龍頭的位置與浴缸是否安排良好，不會讓水濺出浴缸。

2. 古典形式有四隻腳座的浴缸，其排水設置要確實按照原廠需求，因為下方鏤空會讓排水管外露，要特別注意美觀。

3. 若水路管線採明管設置，要確認避開行走動線以防絆倒。

4. 排水管線也不能有過多轉彎，以免排水不順暢。

馬桶工法

坐式馬桶有乾式和濕式施工兩種方式,皆需以馬桶中心線為基準,預留 70 〜 80 公分以上的寬度。乾式施工安裝方便可拆組,但需留意臭氣散逸;濕式施工則需整個取下或敲除馬桶,日後不易維修。相較坐式馬桶,壁掛馬桶在節省空間和清潔上有優勢,但安裝和維修複雜會導致增加成本,選擇時需考慮使用者需求和空間規劃。

坐式馬桶:縫隙需密合,避免臭氣逸出

早期大都採用水泥固定馬桶的濕式施工法,一旦遇到需要做檢測時,需將馬桶取下或進行拆除,容易造成馬桶損壞破裂,另外濕式施工時間較久,日後維修不易。因此衍伸出鎖螺絲的乾式施工概念,當馬桶或管線塞住時,割開馬桶與地面交接的矽利康填縫就可以進行維修,一來延長產品的使用期限,避免無謂浪費,二來施工更便捷。

不論是乾式或濕式施工,安裝時皆需以馬桶中心線為基準,馬桶與側牆之間預留 70 〜 80 公分 以上的 寬度,使用時才不會覺得有壓迫。至於智能馬桶、加裝免治馬桶蓋,由於兩者都能提供「3 通」服務,包括基本的馬桶功能、水洗淨的免治功能,及溫座功能,須做配電設計,一般新建築在浴室規劃時大都有提供插座配置,若是老房子的浴室改裝,則需先檢視馬桶區是否有配電。

目前坐式馬桶都是以乾式施工為主，油泥施工有無確實與馬桶連接件密合相當重要。圖片提供／TOTO 泉成衛材

馬桶安裝採用乾式施工省時之外，日後維修也較為方便。圖片提供／合砌設計

坐式馬桶濕式施工順序 step

① **規劃馬桶安裝區域**

② **確認馬桶規格、配電需求**

· 檢視糞管孔徑，一般為 4 英吋的管線規格。
· 糞管離地高度約為 1 公分左右，需要切除多餘的管線，一般使用線鋸截斷糞管，截斷糞管時要注意斷面的平整度，以免影響日後安裝。

③ **在地面放樣，確認安裝位置**

· 將馬桶對準糞管之後，將馬桶底座的位置跟糞管的中心線標示出來。

④ **調和、鋪水泥砂漿**

· 將水泥與沙以 1：3 調和適當的水攪拌，作為安裝、黏合馬桶之用。
· 水泥砂漿沿著馬桶標示線內側鋪設，這裡的水泥砂漿高度大約 1.5 公分、寬 3 公分，但糞管周邊的水泥砂漿高度則需要 3 公分，否則馬桶將有漏氣的可能。
· 底部不需要全部填滿，否則水泥凝固後因膨脹和收縮，將可能導致馬桶破裂。

⑤ **安裝馬桶**

· 馬桶輕放於水泥砂漿上，調整平穩、確實感覺馬桶排汙孔與排便管緊密扣緊，並校正馬桶的左右水平。
· 馬桶底部溢出的水泥砂使用海綿抹去。
· 水泥砂未乾前切勿移動或撞擊馬桶。

⑥ **安裝水箱**

· 水箱後面打上細利康，然後將水箱固定，固定螺絲也要上矽利康，之後才能拴緊固定。

⑦ **測試沖水是否順暢、不漏水**

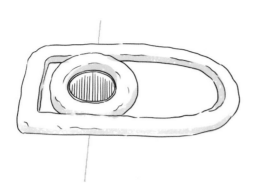 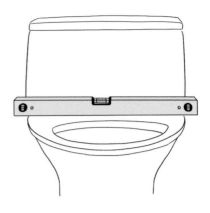

底部不需要全部填滿，否則水泥凝固後因膨脹和收縮，將可能導致馬桶破裂。插畫繪製／黃雅方

馬桶排汙孔與排便管緊密扣緊之後，需要以水平儀校正馬桶的左右水平。插畫繪製／黃雅方

施作工序要點

1. 確認規格尺寸，檢視重點包括糞管的管徑尺寸、糞管中心與牆面的距離，是否與馬桶規格符合。

2. 馬桶排便孔確實安裝「油泥」，放樣後，為了避免糞管的臭氣外洩，馬桶底座的排便孔外側確實安裝油泥，將馬桶對準糞管安裝、密合。

3. 馬桶緊密靠糞管，施作時應避免水泥污染糞管，造成日後堵塞。馬桶與糞管緊密黏靠後，校正馬桶水平、清理地面接縫處溢出的水泥砂。

監工驗收要點

1. 瓷質產品較有機會發生龜裂現象，因此在收到產品時，建議先檢查產品的品質。

2. 馬桶的排水順暢、有無漏水以及馬桶水平等，都是檢視重點，應確認後再封上接縫處，鎖上坐蓋等。

3. 馬桶與糞管的銜接要注意是否確實，避免日後產生漏水問題，臭氣也不會從這個地方外逸，造成 家人日常生活的不便。

坐式馬桶乾式施工順序 step

1 規劃馬桶安裝區域

2 確認馬桶規格、配電需求

3 在地面放樣，確認安裝位置

4 組裝水箱並安裝馬桶（以壁虎鎖固）

・可以先將馬桶試裝於糞管上方，並標示出安裝孔位置。
・油泥與馬桶下方排便口結合，務必緊密結合，確保不漏氣、漏水的狀態。

5 以填縫劑填補馬桶與地面間的縫隙

6 測試沖水是否順暢、不漏水

馬桶排污管套件中，需確認油泥完全與套件密合。圖片提供／崝石室內裝修工程有限公司

施作工序要點

1 標識安裝孔、壁虎鎖固，確認相關口徑、管距規格後，預先在地面標註馬桶的安裝孔位置，作為埋入壁虎固定使用。

2 馬桶排便孔確實安裝「油泥」，為了避免糞管的臭氣外洩，馬桶底座的排便孔外側確實安裝油泥，將馬桶對準糞管安裝、密合。馬桶與地面接縫處、鎖孔等用矽利康填封。

監工驗收要點

1. 規劃馬桶區域大小時，要先確認產品規格、管距，是否需要額外配電。

2. 需注意乾式施工雖拆組便利，但是安裝馬桶時也可能發生鎖螺絲鎖到水管的意外。這是因為浴室當初的配管位置，恰好干擾到固定馬桶基座的螺絲位置，造成馬桶施工時意外傷到水管。

壁掛馬桶：節省空間、設計美觀

壁掛馬桶的特點在於其空間節省、清潔方便和設計美觀等方面。相對於傳統坐式馬桶，壁掛式的安裝方式將水箱巧妙地隱藏在牆內，僅露出桶身，極大地節省了地面空間，使浴室呈現出簡約而寬敞的感覺。這種設計尤其適合小型浴室或那些注重空間利用的消費者。

此外，壁掛式馬桶的懸空設計也解決了一些常見的問題。由於不接觸地面，不存在與地板銜接處容易發霉的問題，能有助於保持浴室的衛生環境。同時，水箱完全隱藏在牆內，後方無死角，讓清潔工作更加方便迅捷。

然而壁掛馬桶也存在一些缺點。由於其特殊的安裝方式，是嵌在於牆內，所以安裝過程與時間相對複雜。其次，壁掛式馬桶通常是分開購買馬桶和水箱，這增加了安裝的成本，並使得維修時需要更多的精力和成本。

壁掛馬桶清潔方便又美觀，但安裝過程相對較為複雜。圖片提供／TOTO 泉成衛材

壁掛馬桶施工順序 step

① 規劃馬桶安裝區域

② 確認馬桶規格、配電需求

③ 根據壁掛馬桶的安裝位置，於牆面進行開孔
· 清理牆面讓其表面平整，無障礙物。
· 務必確認安裝高度後再固定（可依家人身高進行規劃）。

④ 開孔處安裝牆掛架（又稱水箱架），此為支撐壁掛馬桶的結構
· 調整支架的水平和垂直，並鎖緊螺栓。
· 在支架安裝後砌牆前，務必通水並放置 12 小時以上，檢查是否有滲漏現象。

⑤ 連接水源和排水管
· 連接水箱架到水源，使通水流暢。
· 連接馬桶的排水管到主排水系統，確保排水順暢。

⑥ 將馬桶懸吊在牆掛架上，根據製造商的說明校正高度

⑦ 連接水箱並安裝馬桶本體
· 將水箱安裝在牆掛架上，再次檢查水平度，水箱和馬桶之間的連接正確無誤。

⑧ 測試沖水是否順暢、不漏水

裝設壁掛式馬桶由於要隱藏水箱緣故,後方會增設一堵牆面,必須預先衡量浴室空間尺度是否合適。圖片提供／TOTO 泉成衛材

施作工序要點

1. 在選定的浴室牆面上,使用測量工具確認壁掛馬桶的正確安裝位置,需要考慮水管和排水管的位置,以及使用者的舒適度。

2. 先在牆面上標示水箱和排水孔的位置,開孔的位置需注意水平和垂直,大小和形狀則要符合馬桶和水箱的要求,以確保馬桶安裝後的穩定性。

3. 牆掛架的安裝位置應該與開孔處對應,並將架子的安裝牢固穩定。通常,牆掛架上還會連接水箱的支撐結構。

4. 將水箱與牆掛架連接,確保連接處的密封性。接著將壁掛馬桶的本體部分安裝在牆掛架上,並連接相應的排水管。

監工驗收要點

1. 確認開孔位置是否準確,符合設計要求,包括水箱和排水管的位置,需與設計圖一致。

2. 馬桶的荷重力,這一點在懸壁式馬桶尤其重要,不僅馬桶本身要堅固,懸壁式馬桶也須由經驗豐富、施工實在的師傅來進行,注意壁掛馬桶的牆掛架要安裝牢固,能夠承受馬桶和水箱的重量。

3. 檢查水箱和馬桶之間的連接密封是否良好,水箱的沖水和排水功能正常,沒有漏水和其他問題。

面盆工法

面盆依安裝方式不同，概分為壁掛式和與櫃體結合的面盆設計。其中，不論是面盆獨立擺置於檯面，或進一步整合於檯面，如下嵌式面盆，支撐面盆本體的承載力是決定使用面盆安全性的關鍵，如不鏽鋼壁虎、壁掛浴櫃或平檯等是否平穩牢固。除此，因面盆的不同規格，面盆的排水系統會有所差異，造成家中排水管口徑與面盆的交接處無法相容，需要使用「轉接頭」來解決，若沒有做適當的處理，洗手檯日後可能成為浴室裡的漏水角落。

獨立式面盆：多變設計卻易有清潔死角

獨立式檯上盆的獨特設計提供了個性化和美感的空間選擇，允許根據個人喜好和浴室風格的需要選擇不同造型、大小和材質，實現自由搭配。由於它是獨立的，安裝與拆卸都相對方便，但在選購時需要留意檯面的寬度是否足夠，此外獨立式檯上盆的底部構造能與浴櫃結合，增加儲物空間，滿足浴室收納需求。然而，使用獨立式檯上盆時需注意，因為無法將檯面的髒汙、積水直接抹入盆內，可能使水分滲入面盆與檯面連接的矽利康中，導致接縫發黴變黑，久而久之可能進而影響盆面的穩固性；面盆的邊緣和與檯面連接的縫隙可能存在死角，容易積存污垢，因此需要額外的心力進行日常清潔和維護，建議使用在功能相對單純的客用廁間。

能根據個人喜好和浴室風格的需要，選擇不同形狀、大小和材質的獨立式檯上盆，因安裝、拆卸容易，可以實現自由搭配的設計質感。圖片提供／FUGE 馥閣設計集團

獨立式面盆施工順序 step

1 **檯面預先開孔**

2 **安裝龍頭於檯面上**

3 **安裝面盆**

・固定面盆前，先在檯面上試擺，並以量尺確認面盆左右兩側的進出深度是否一致，確認完畢後標記面盆位置。
・分別在檯面和面盆底部塗上矽利康，依照標記的位置，將面盆放在檯面上固定。
・擦拭溢出的矽利康，將檯面清理乾淨。

4 **安裝落水頭**

5 **接上冷、熱水管、排水管**

・冷、熱水管以顏色區分，冷水管是藍色、熱水管為紅色，分別接上冷、熱給水管之後，再鎖緊螺絲。
・調整墊片位置，確認排水管的進出深度；排水管與落水頭相接後旋緊。

6 **試水**

在安裝獨立式檯上盆之前，需要測量浴室檯面的尺寸，確保檯上盆的大小合適。同時，根據個人喜好和浴室風格，選擇合適的檯上盆。圖片提供／FUGE 馥閣設計集團

施作工序要點

1. 需確認面盆安裝位置深度以及是否有固定確實。

2. 留意檯面的寬度，由於面盆放在檯面上，浴櫃需稍微降低高度，並且水龍頭的位置應根據使用者的身高和習慣進行適當調整。

3. 安裝前要確認排水管的管徑是否與面盆相符，確保水管接頭牢固。

4. 使用適當的矽利康密封檯上盆周圍的縫隙，以防止水分滲漏；同時校正檯上盆的水平位置，讓整體外觀和功能完善。

監工驗收要點

1. 面盆安裝完成，建議將水放滿面盆，檢視面盆水平、接管處是否滲漏水、排水管是否滲漏水。

2. 待面盆的各項檢測確認後，盆、壁面接縫處都要打上矽利康，防止水流入接縫死角而無法清潔。

下嵌式面盆：實現整潔開闊，收納充足空間

下嵌式面盆是一種安裝在檯面下方的浴室面盆，面盆完全嵌入檯面，呈現一體成型的設計，能營造出整體乾淨、現代感的空間。由於面盆下嵌，檯面上不突出，視覺上能使浴室看起來更爲整潔與開闊。

此外，由於面盆被完全嵌入檯面下方，檯面上沒有任何凸起的部分，這讓使用者擁有更多實際可用空間，能輕鬆擺放各種盥洗用品，同時搭配下方浴櫃，提供了充足的收納空間，使其更爲整潔有序。這種設計允許檯面上的水漬直接被掃入面盆，加上檯面與面盆之間的縫隙內縮，清潔起來更加輕鬆，不易積污，避免了傳統檯上盆可能存在的死角。然而，應留意的是，下嵌式面盆的安裝較爲複雜，需根據使用的材質進行精準的打版工作，這會增加相應成本。此外，面盆的尺寸和深度需要與檯面相搭配，這可能對小型浴室的應用造成一定的限制，較適合用於大一些的衛浴空間。

下嵌式面盆的獨特設計能完全嵌入檯面下，形成一體成型，
打造出整潔、現代感，進一步營造了視覺開闊的浴室氛圍。
圖片提供／FUGE 馥閣設計集團

下嵌式面盆施工順序 step

1 檯面預先打版

· 使用測量工具確定下嵌面盆的安裝位置，注意檯面的邊緣和檯面深度。仔細標記面盆開孔的位置，確保開孔的大小與下嵌式面盆相符。

2 安裝龍頭於檯面上或面盆上
（有不同款式）

3 安裝面盆

· 在面盆安裝後，將面盆與檯面交接縫隙處，使用適當的矽利康密封，避免漏水。
· 擦拭溢出的矽利康。

4 安裝落水頭

5 接上冷、熱水管、排水管

· 冷、熱水管以顏色區分，冷水管是藍色、熱水管為紅色，分別接上冷、熱給水管之後，再鎖緊螺絲。
· 調整墊片位置，確認排水管的進出深度；排水管與落水頭相接後旋緊。

6 試水

確認面盆的形式、材質，加強檯面的支撐結構，同時注意面盆與檯面的縫隙處確實使用矽利康密封，避免日後滲漏。圖片提供／FUGE 馥閣設計集團

施作工序要點

1. 需確認面盆安裝位置深度以及是否有固定確實。

2. 理想的高度是以面盆上緣為基準，離地約 85 ～ 90cm 避免吊手產生不適（依不同身高會做高度調整）。

3. 安裝前要確認排水管的管徑是否與面盆相符，確保水管接頭牢固。

4. 使用適當的矽利康密封下嵌式面盆的縫隙，讓縫隙充分密封，避免水分滲漏。

監工驗收要點

1. 確認下嵌式面盆是否穩固固定在開孔空間中，防止晃動或傾斜。

2. 檢查面盆周邊的矽利康是否完好，防止水分滲漏，建議將水放滿面盆，檢視面盆水平、接管處是否滲漏水、排水管是否滲漏水。

3. 測試水源供應，確認水管和水源接頭無滲漏，並保證水流穩定。

4. 清潔面盆表面，確認其光滑無污漬，同時檢查縫隙處是否容易積污，需進行清理。

壁掛式面盆：現代簡約，安裝需注意結構與承重

壁掛式面盆因不需檯櫃或支撐，適合小坪數或半套式衛浴，使整體空間更顯寬敞，尤其在空間有限的情況下，展現出節省空間的優勢。另外外觀現代感強，能營造簡約氛圍，讓浴室更顯時尚與現代風格。其底部無支撐結構使清潔更便利，沒有死角，衛生間更易保持整潔。同時，安裝過程中能根據使用者身高需求調整面盆高度，提高使用的舒適度，並能將給排水管嵌入牆內，創造整潔俐落的外觀。

然而，缺乏檯櫃帶來的是收納空間的限制，需額外配置收納櫃或收納架以滿足浴室儲物需求。在安裝時，必須注意牆壁的承重能力與壁掛結構的堅固性，使用足夠堅固的螺絲，以確保面盆的穩定性，這增加了安裝的難度和成本。除此之外，由於壁掛式面盆靠牆壁支撐，不宜放置過重物品，使用者需謹慎使用，以免發生摔落等安全問題。在選擇壁掛式面盆應考慮空間需求、收納機能以及安裝的複雜性。

面盆固定在牆面上，因占用面積小，適合用於小坪數或是半套衛浴，然而收納有限，安裝複雜且不適合放重物。圖片提供／FUGE 馥閣設計集團

壁掛式面盆施工順序 step

1 確認安裝位置

· 測量並標記面盆的安裝位置，確保高度和位置符合設計要求。

2 牆面安裝不鏽鋼壁虎

· 依照牆面的安裝孔打入壁虎，需露出 7cm 於牆外用來固定面盆，確保安裝牢固，能夠承受面盆的重量。

3 安裝面盆

· 對準壁虎的位置，安裝面盆，以水平儀確認面盆的進出和水平後鎖緊螺絲。

4 安裝落水頭

5 接上冷、熱水管、排水管

· 冷、熱水管以顏色區分，冷水管是藍色、熱水管為紅色，分別接上冷、熱給水管之後，再鎖緊螺絲。
· 調整墊片位置，確認排水管的進出深度；排水管與落水頭相接後旋緊。

6 試水

呈現一體成型設計，排水管巧妙嵌入牆內，節省空間，打造整潔外觀；除此之外，面盆的安全性則取決於支撐本體的承載力。圖片提供／FUGE 馥閣設計集團

施作工序要點

1. 瓷器和玻璃面盆有易碎的問題，施工時須注意避免撞擊。

2. 壁掛式面盆最注重的就是吊掛是否穩當，除了要確實打入壁虎（膨脹螺絲），牆面本身的結構性也相當重要。

3. 面盆如果沒有辦法牢固地懸掛於牆上，問題或許出現在牆壁結構，這種情形較常見於老房子，建議先將牆打到見底，重新施作水泥砂漿的粗底，紮實的結構底層，鎖螺絲才會牢固緊密。

4. 壁掛式的面盆由於特別仰賴底端的支撐點，因此務必注意螺絲是否鎖得牢固，以免影響日後面盆的穩定度。

監工驗收要點

1. 檢查給水管和排水管的連接處，確保沒有漏水或滲漏現象；排水迅速無阻塞情況。

2. 打開水龍頭，測試冷熱水流通順暢，檢查水流是否正常。

3. 根據實際需求，確認壁掛式面盆的高度是否符合使用者舒適度。

地暖工法

近年台灣越來越多人選擇在浴室地板安裝地暖設備，電地暖具備加熱速度快、可局部施作、不占樓高等優勢，因此，許多人選擇在浴室地板裝設電地暖系統。反觀水地暖系統因管線難以進入小面積空間施做，不但占樓高還要預留空間連結熱水器、分集水器等設備，導致局部加裝困難。使用浴室地暖的好處，不僅地板溫暖舒適更可以讓浴室 24 小時保持恆溫恆濕不易滋生黑黴，避免地板濕滑，行走更安全。

電地暖：24 小時保持空間恆溫恆濕，防水絕緣性佳

如果選擇在浴室使用磁磚、大理石或者無縫塗料地坪，並考慮使用電地暖系統，建議採用濕式電纜型的德國 Halmburger EVTW- 雙芯發熱電纜。這款電纜擁有多項歐洲檢測證書，並擁有冷熱線接頭專利。其接頭處經過防水盒處理，內部更嵌入 PET 防潮層①（對照右頁電纜圖）。此外，電纜中加入杜邦纖維抗拉增強筋②（對照右頁電纜圖），能夠抵抗混凝土與發熱電纜因溫度變化而產生的熱脹冷縮，進一步增強防水絕緣性能。

根據電纜線的密度可以調節地暖系統的溫度，密度越高，溫度越高，但電量需求也會隨之增加。浴室可選用 8 公分的電纜密度，讓地板溫度維持在 35 度左右。值得注意的是，每捲電纜皆有固定長度，使用長度與型號會被標記在規劃圖上，例 21 米、25 米或 32 米等，這樣配置能精確計算出所需的長度和電量，確保電量足夠。

進行浴室地暖工程時，需要由地暖廠商進行詳細的規劃，同時與設計師討論施工相關事宜。工程通常會在平整基礎地面施作防水層後，接著上斷熱層，再放置玻璃纖維網，按圖面範圍與間距施工鋪設電纜，鋪上水泥砂漿後，會再進行第二層防水處理，最後鋪設地板。

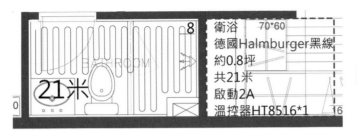

衛浴	70*60
德國Halmburger黑線	
約0.8坪	
共21米	
啟動2A	
溫控器HT8516*1	

浴室地暖規劃圖明確標示地暖範圍、地暖品牌、型號長度、需求電量與鋪設間距。圖片提供／五陽地暖

地暖規劃圖

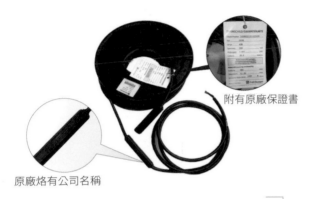

附有原廠保證書

原廠烙有公司名稱

冷熱線接頭是發熱電纜電地暖的關鍵部位，Halmburger 的 EVTW- 雙芯發熱電纜為特殊防潮電纜是通過德國專利技術，冷處理技術工藝加工完成。其另增添 PET 保護層加強防水性，適合用於浴室與氣候潮濕的國家。圖片提供／五陽地暖

安裝示意：磁磚

鋪設電纜

施作水泥

鋪裝磁磚

地暖施工順序 step

1 施工前確認
- 確認浴室空間地板材料與完成面厚度小於 7 公分。
- 由地暖廠商規劃圖面後,與設計師討論施工配合事項。

2 確保電量足夠
- 在圖面上,標示電量要求,需要 220V 的電壓與專用迴路／含漏電斷路器,確保電箱空間與電量足夠;若不足夠,則需要增大電箱或電容量,如都無法調整的話則建議刪除部分區域。

3 確認範圍與電纜長度
- 確定施工範圍與使用電纜長度。

4 預留電源與套管
- 自牆面開關面板處埋入預埋盒、電源與套管至地板。

5 施作第一層防水層
- 管配打底完成後,塗上彈性水泥。

6 鋪設地板前,地暖進場施工
- 清潔地面,鋪設斷熱層與玻璃纖維網。

7 施工發熱電纜
- 按圖面範圍與間距施工鋪設電纜。

8 裝設限溫保護裝置 – 機械控溫
- 施工安全保護裝置限溫器,預防電纜過熱,與電子感溫頭同步控制溫度。

9 地暖完工驗收
- 確認按圖施工,並檢測電纜各項數值與通電發熱。

10 完工後,泥作立即進場
- 按照現場高度,水泥硬底完成保護。

11 施作第二層防水層
- 再塗上彈性水泥,確保雙層無漏水。

12 鋪設浴室地板
- 後續進行泥作鋪設地板材質(大理石或磁磚)。

13 安裝地暖溫控器

配電需求

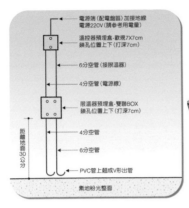

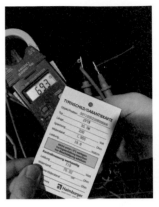

地暖規劃圖確定電源數與用電量後，自牆面開關面板處預留電源與套管至地板，圖面詳解地暖濕式施工結構。圖片提供／五陽地暖

檢測確認地暖線數值是否與德國出廠數值一致，並與業主確認施工範圍驗收。圖片提供／五陽地暖

施作工序要點

1. 施工前要求現場地面平整與淨空。

2. 安裝前電纜線要檢測是否與出廠數值一致。

3. 確認現場有無調整，是否按圖施工。

4. 接地線確實並搭配漏電斷路器確保使用安全。

監工驗收要點

1. 確認現場完成高度要小於 7 公分（包含表面材）。

2. 利用儀器檢查絕緣電阻值，確認絕緣性良好。

3. 電纜發熱情況是否正常、實際用電量與數據是否相符。

4. 後續泥作施工注意，禁止釘鞋、獨輪車、攪拌泥沙器具直接接觸地暖線。

5. 泥作完成後，嚴禁對地暖區域拆改與釘鎖等行為，容易誤傷地暖設備。

CHAPTER 3

實用舒適的浴室設計關鍵

浴室設計關鍵包含四大面向：設備、材質、收納與機能，此章節彙整業主們最想了解的浴室整修問題，提供不同的解決方式。

POINT1. 設備與材質

POINT2. 收納與機能

圖片提供／合砌設計

設備與材質

浴室設備與材質的選用至關重要。在選擇設備時,需考慮耐用性和易清潔性,確保配備符合個人需求。材質方面,地板和牆面應選用防水性好的材料,如瓷磚或防水木地板,以防濕氣侵蝕。同時,選擇耐用且容易清潔的檯面材質,如石英石或瓷磚。在整體風格上,可融入個人喜好,打造一個舒適、實用且美觀的浴室環境。

Ⓠ001
浴室適合使用塗料嗎?哪些塗料適合做在浴室?

近來塗料因具備無接縫、整體性佳,且不容易藏污納垢與發霉等特性,逐漸使用於浴室空間中,不過仍須注意卽使塗料宣稱具防水性,仍須檢視是否眞正具備較佳的防水效能,因爲許多宣稱防水的塗料,其實只是使用三明治防水工法,於塗料的底層面層添加樹脂成分用以防水,並非是塗料本身防水,而卽使是具備防水性的塗料,若工法不正確也會影響防水效能。

另外能使用於浴室的塗料,需具備有以下要點:高附著力材質,不因水氣膨脹剝離;高抗裂性材質,不會因裂隙滲水;耐水不水解材質,不會被水解離或固化後與水進行二次反應;同時抗刮耐刷洗、耐弱酸弱鹼的塗料,才是適合使用在浴室的塗料。相較傳統材質如磁磚,塗料莫式硬度較低,耐磨程度不如磁磚,因此使用習慣將會影響塗料耐久性。

1. 微水泥具泥作特性，乾濕區皆適用

一般業主對浴室塗料主要考量有二：能不能解決防水問題？能不能節省成本？就以上兩個條件，微水泥可說是最適合使用在浴室的塗料，因微水泥工序接近泥作工法，若想改造浴室會是比較節省成本的塗料種類，因為不必敲磚再重做防水層施工，只要搭配正確施工方法就可以解決漏水問題，且日後修復容易。另外施工不會造成太大汙染，止滑性高、容易清潔，浴室乾濕區皆適用。不過施工方法較為繁複，相較一般塗料，微水泥工序長達 11 ～ 13 道，施工時間較長。

使用施工小提醒

若要直接施作在其他材質上，須注意底材的膨脹係數，若屬熱脹冷縮的彈性比微水泥高，塗抹其上可能容易造成破裂。

浴室使用微水泥，施工不會造成太大汙染，且止滑性高、容易清潔，浴室乾濕區的牆地面皆可使用，可有最佳一致質感。圖片提供／SIGMAS 西格瑪微水泥

2. 礦物塗料有設計性，不易附著水垢

挑選礦物塗料時最好選擇有代理商的品牌，除了有保固期，發生問題時也可溯源至原廠詢問，不會發生求救無門的情況。而礦物塗料能讓浴室保有整體質感，不用擔心發霉或水垢問題，但價格較高，而且若是施作在濕區，最好要從地坪連續施作到牆面以上，因為若有斷開產生縫隙，水氣很可能透過縫隙滲到下層把塗料沖開，因此若施作在濕區最好做全套，乾區則無此限制。

使用施工小提醒

若老屋翻新要把塗料施作在磁磚表面，需先確認有無膨拱情況，若有膨拱需先局部敲磚、磨到粉光面後再行施作。

礦物塗料能讓浴室保有整體質感，不用擔心發霉或水垢問題，且屬環保塗料，若施作在濕區最好做全套避免日後發生水解問題。圖片提供／日菁塗裝 -Spiver 義大利塗料台北經銷

3. 樂土透氣抗水調節濕氣，SOP 不能免

樂土是一個品牌名稱，包含從室外表面材到室內批土層與裝飾面等 20 幾種系列產品，其中絨布型灰泥系列產品適合使用在內外牆與浴室、檯面，另外浴室泥作工程時也能加入樂土防水粉增加防水強度。樂土塗料使用在浴室空間時，就防水性能加上硬度考量，應從泥作時就添加樂土防水粉再做防水層與面層，屬於系統工法來維持防水性，非以單一材料就能完成浴室所有防水需求。

使用施工小提醒

樂土若想直接使用在濕區時，因其無縫特性，須注意施工一定要按照 SOP 嚴謹進行，從防水層抗裂處理、防水底土抹鏝，到裝飾層與面層保護，全部都要塗佈到沒有缺陷才能保有最佳的防水性能，否則水氣從轉角縫隙或磁磚層下方的開裂處滲入裝飾層，會造成裝飾層局部顏色變深。

浴室施作樂土能保有一致性，且其透氣特性可以調節浴室濕度，但須嚴格按照 SOP 進行施工，以免後續發生變色問題。圖片提供／ J.P.Group 桀珮設計／藝匠手

Q 002
浴室地磚該選擇多大的尺寸才不會有滑倒的危險？

考量熟齡衛浴空間的安全性，大多選擇止滑的地磚。市面上大部分的磁磚都具有優良防滑性，是衛浴空間非常好的選擇。若是淋浴區等較容易潮濕的地帶，盡量避免使用亮面磚；淋浴區的地磚通常會透過線條狀、菱形、馬賽克或造型溝縫，增加表面磁磚縫隙數，提高摩擦力來增強止滑效果。

針對熟齡衛浴空間的安全性，地板大部分會鋪陳優質防滑性的磁磚，並透過表面的馬賽克或造型溝縫，提高摩擦力來加強止滑，降低滑倒風險。圖片提供／演拓室內設計

Q 003
有可能不拆牆面磁磚、直接上塗料嗎？會不會有風險？

塗料若想施作於磁磚面上，須注意有無膨拱、破裂，以及後方管路是否有漏水問題，若有膨拱，需局部敲磚處理漏水問題，也可透過機器檢測牆壁含水率，確認在 15% 以下再施工。若要施作在板材上也需瞭解板材間隙與釘法，以及有無異材質搭接情況，因為塗料下層若有不同材質，當其膨脹係數不一時，可能會造成上方的塗料皸裂。

另外，優尼客空間設計總監黃仲均則補充，如果浴室沒有淋浴需求，只有單純配置馬桶和洗手檯，刷飾塗料確實可以快速達到效果、且省下拆除和泥作的成本費用與工序，不過在塗佈塗料之前，務必先以石膏、樹脂混合攪拌後將磁磚原本的縫隙都填平，否則後續有可能出現一格一格的紋路。待填滿縫隙之後把多餘的刮除後，約一個小時的乾燥時間，就可以進行底漆塗布，建議少量多次的刷飾、避免垂流，接著間隔半小時刷飾第二道底漆，再來用 600 號砂紙打磨磨平、最後塗佈主材料就完成了。

漢樺磁磚提醒，如果想直接在磁磚上刷飾塗料，需留意是否有膨拱破裂問題。圖片提供／漢樺磁磚

浴室牆面 DIY 藝術漆，如果原本磁磚凹凸面較為明顯，例如板岩磚，施作後可能稍微會有不平整的問題，另外像是既有浴室五金或是設備的邊邊角角也會比較難以操作。圖片提供／優尼客空間設計

Q004
浴室沒有開窗要選暖風機還是除濕機？

暖風機與除濕機的原理不同，前者是蒸散水分再排出，後者是把水氣儲存於水箱中再排出。暖風機的功率較高，能使浴室較快乾，此外還有另一個功能，冬天洗澡前半小時，可以先打開暖風機，讓長輩和小孩不著涼。並且暖風機通常會備有最基本的換氣功能，選擇五合一的設備還有更多功能如照明、除臭、除濕，能提供浴室更全面的機能。

選擇五合一的暖風機設備，可以同時享有換氣、照明、除臭、除濕的功能，相較於除濕機來說，能照顧到的細節更多。
圖片提供／日作設計

Q 005
很討厭看到馬桶沖洗器掛在壁面，有其他的設計或選擇嗎？

一般馬桶沖洗器多為外掛式設計，但會有軟管線材外露的問題，視覺上較不美觀，如果希望浴室牆面設計更形簡約俐落，許多國外品牌也推出隱藏式馬桶沖洗器，不只有不鏽鋼面板可選擇，甚至還有黃銅色、金色面板。而雖然隱藏式馬桶沖洗器需要預留深度裝設管線、沖洗器，不過其實可以一併結合衛生紙架納入規劃，讓空間妥善獲得運用。

隱藏式沖洗器解決軟管線材外露的問題。圖片提供／蟲點子創意設計

Q 006
想要讓更衣間動線連結浴室，但這樣衣櫃會不會容易有潮濕的問題？

若是想做更衣間連結浴室動線的設計，首先可以確認是否有室內開窗或通向陽台，以及明確區別乾區和濕區，確保水氣集中區塊並進行除濕。更衣間與浴室濕區也能藉由中間的面盆、化妝區做過渡，若是更衣間能通向工作陽台，不僅動線方便做家務，也有利於通風、排濕。然而開窗仍會受氣候限制，暖風機與除濕機是不可或缺的設備。

避開潮濕問題，首先要看空間內是否有開窗，濕區的櫃體建議使用浴室專用的發泡板材質，並且配備暖風機與除濕機。圖片提供／日作設計

Q 007
很喜歡獨立浴缸，但又怕空間不夠，浴缸最小尺寸是多少？

安裝獨立浴缸的最小淨空間約爲 180 公分，以長邊作爲測量基準，或者浴缸邊緣與壁面需保留 10 公分左右的距離，以便清潔。獨立浴缸相對來說，安裝過程單純，確認好尺寸直接搬運進浴室，排水管接好便一切就緒，需要注意的是排水孔洞一定要塞滿，有縫隙的話蟑螂可能會從管縫爬入，有時縫隙會有 6mm 大，建議請水電師傅以油泥填滿，油泥是相對來說較有彈性的材料。

使用施工小提醒

安裝需留意排水孔的位置，由於每個浴缸的排水規範都不一樣，排水孔的位置通常會比較接近浴缸的溢水口。再來便是要注意給水，在設計規劃時原則上都會有預埋，其中比較麻煩的是從地板出來的，除了冷水管和熱水管要連接在一起，還需在地板埋入混合器，厚度約 6 ～ 7 公分。

獨立浴缸的安裝需留意排水口的位置，是否與產品規範相符合，以及出水方式有壁出式、地出式、直立花灑等等，安裝細節各自不同。圖片提供／日作設計

Q008
浴缸如果太大保溫效果是不是就不好？應該要怎麼挑選？

浴缸的保溫效果要看材質，如果是檜木浴缸保溫效果就蠻好的，比較不會把熱量吸走，砌磚的浴缸則是最容易被吸走熱量，但是水與磚溫度達到平衡時，反而相較於檜木有較好的保溫效果，因此保溫功能是一體兩面。還有一種預鑄石材浴缸，運用 FRP 玻璃纖維材質，保溫成效良好，有助於節能減碳。

過大的浴缸在放水期間確實較容易流失熱量，但保溫效果仍然要看浴缸的材質，FRP 玻璃纖維是常被運用的材質，擁有不錯的保溫成效。圖片提供／日作設計

Q009
電熱毛巾桿可以事後在安裝嗎？有需要獨立的迴路嗎？

電熱毛巾桿有分為兩種，一種是隨時通電，另一種是有開關插座，功率沒有很高，因此不需要獨立迴路，除非電壓不同。通常會建議選購隨時通電的產品，管線是被埋在壁面中，所以視覺上較乾淨整齊。若是在浴室施工後才完成，則是能使用插座型的產品，省去埋管線的煩擾。通常安裝電熱毛巾桿的人，都是希望毛巾能盡快乾燥，避免細菌滋生，即便是這樣，也不要忽略毛巾的定期清潔。

電熱毛巾桿建議挑選隨時通電的產品，視覺上較簡潔。電熱毛巾桿直接觸摸雖然不會燙傷，但碰觸過久仍會有灼熱感，使用上仍要注意安全。圖片提供／日作設計

Q010
磁磚填縫劑有差嗎？

填縫劑有以下 4 種類型：

1. 含砂型水泥質填縫劑： 目前市面上最常用也是最經濟實惠的填縫劑，適用於磚縫較寬的磁磚填縫。含砂型比單純無砂型填縫劑更耐用，且價格也便宜一些。

2. 無砂型水泥質填縫劑： 無砂型與含砂型配比相似，但沒有砂子（骨料）成分，因爲必須使用更多聚合物與細石粉來加固及填充因此價格較貴，也不如含砂型堅固，較適合使用於牆壁、小於 3～4mm 磚縫或高釉面磚、玻璃和質地較軟的石材瓷縫隙，因爲不含骨料就不會劃傷表面。

3. 環氧樹脂型填縫劑： 是浴室磚縫填縫的最佳選擇。可用於大範圍尺寸的填縫灌注，也因不含粗骨材，適合玻璃與質地較軟的磁磚。樹脂反應固化後類似塑膠無毛細孔，幾乎不會沾汙，但因其成本高，施工技術門檻高導致人工費用貴，因此市面上較少人使用。

4. 聚氨酯型填縫劑： 是四種填縫劑中最昂貴，其施作過程中可保持顏色一致，確保磚縫完成後非常均勻，但缺點是顏色選擇較少，聚氨酯目前大約有 40 種顏色，但水泥基填縫劑則有多達 100 多種顏色。

填縫劑選擇需依照現場狀況，目前市面上以水泥基的填縫劑使用較多，環氧樹脂型最適合浴室使用。圖片提供／漢樺磁磚

Ⓠ011
磁磚收邊有哪些做法？

磁磚收邊可有以下三種作法：

1. 收邊條：收邊條依材質大致可以分爲塑膠、金屬兩大種類，造型有圓邊、斜邊、方邊等形式，每道牆角只需使用收邊條就能一次收好邊，快速又方便。塑膠材質收邊條價格相對較低，花色多變，但質地較爲脆弱，容易因外力衝擊而損壞，塑鋼材質（PVC）受衝擊時較不易出現裂痕。金屬材質則分爲鋁合金與不鏽鋼，質感較佳且耐用度高，不過厚度最好達 0.8 公釐以上，較能預防凹陷。

2. 背斜：磁磚側面切出 45 度角抹斜後相貼，讓角跟角合在一起來收邊，這樣轉角部分就只會看到兩片磁磚的面而不會看見胚底。

3. 平貼：此種手法通常會使用在透心磚（面感與胚底是同種顏色質感），如此便看不到磁磚底部顏色，讓收邊的區域不會有違和感。

收邊方式優缺點比較

	優點	缺點
收邊條	施工快速	較不美觀
背斜	最美觀	耗工，因需先行加工費用較高，同時也可能因爲加工而耗損磁磚
平貼	容易施工	需使用特定磁磚（透心磚）種類，或陶磚、石頭石板自然材質

磁磚收邊方式不同，會讓浴室細節產生不同美感，通常收邊條多使用於浴室，但平貼需選擇特定磁磚，背斜貼法費用較高。圖片提供／漢樺磁磚

收納與機能

首先，要考慮空間的使用效率，有效的收納解決方案可以最大化利用空間，例如置物架、抽屜、浴櫃等等。其次，如果有在浴室化妝的話，在燈光配置上也應留意採用 3500K 的照明，另外對於淋浴間的瓶瓶罐罐，採用壁龕式設計或是直接施作簡單的層板，相較於置物層架來得更好清潔，也可以達到整體美觀。

Q012
不想要吹風機和衛生紙裸露在外，有哪些設計的方式？

浴室收納必須考量機能與美觀性，大致上可分為開放式與封閉式兩種形式。開放式收納，沒有櫃體門片遮擋，容易顯得凌亂，封閉式收納相對更適合歸納生活用品。不管是吹風機或是衛生紙，結合使用習慣的設計，才是最好用的設計，例如將抽屜櫃門片挖出小洞，成為抽取衛生紙的洞口，內部空間可囤放其他消耗性的備品；櫃體內設計吹風機收納架，或在抽屜中結合插座，使用時只要拉開抽屜就能按下開關使用吹風機。

1. 訂製洗手檯整合衛生紙抽屜
鐵工框架再以人造石包覆的洗手檯，直接規劃衛生紙抽屜，就不用買一堆衛生紙盒占空間，衛生紙抽屜同時延長深度，還可以放備用衛生紙。

圖片提供／蟲點子創意設計

2. 抽屜結合插座使用更方便

每次吹頭髮都得拿出來插插頭，還會有電線纏繞的問題，將洗手台結合抽屜之外，更內建開關插座，不用拔插頭、吹完頭髮直接把抽屜關上就可以恢復整齊。

圖片提供／蟲點子創意設計

3. 開放櫃納入吹風機收納區

特意拉寬洗手台的寬度，其中一格抽屜櫃留空、採用開放形式，就能直接放置吹風機，且方便拿取。

圖片提供／十一日晴空間設計

4. 浴櫃側面開口隱藏衛生紙架

浴櫃承載了浴室空間大部分的收納機能，合砌設計將開放式與封閉式的櫃體結合，水槽正下方的空間可囤放浴室空間常用到的物品；側面空間不安裝門片，可直接擺放衛生紙。

圖片提供／合砌設計

Q 013
淋浴間用現成收納架好難清潔，有沒有好打掃的收納方式？

淋浴空間的收納，除了層板之外，也可以利用壁龕的方式增加收納空間。層板的優點是無須額外吊掛五金，結構穩固，不用擔心吊掛的風險，但注意必須在設計階段就納入規劃。壁龕的優點是可以直接放入，無須擔心五金生鏽的問題，缺點則是必須犧牲至少約 10 ～ 20 公分的深度，恐壓縮實際使用的空間，動用到泥作成本也會增加，設計時必須考慮牆體空間使用率的問題，以及實際使用上是否會產生壓迫感。

1. 壁龕式設計，預留收納空間可直接放入
要解決浴室瓶罐收納的問題，可善用衛浴空間內立面的畸零空間，利用量體的空間，結合內嵌的櫃體，放上層板，可依序放入日常生活所需的物品。垂直向的收納可讓視覺感受更加地清爽整齊。另一方面，微型住宅的衛浴空間，可利用不同的高度變化，增加空間的機能性，例如將踏面其中一部分的高度改變，成了可置物的平台，下方空間則成為收納空間，利用玻璃作為層板，使視覺更輕盈。

圖片提供／合砌設計

圖片提供／合砌設計

2. 外掛層板增加收納空間

淋浴空間可使用外掛層板增加收納空間，結合一字形或是 L 型的層板，讓沐浴用品可朝兩個不同的方向延伸擺放，下方正好是排水區域，淋浴後潑濕的水可向下滴流。除此之外，淋浴間的立面牆體加厚，讓半牆的上緣同樣具有置物功能，而像是淋浴間外的空間立面，同樣能加入半牆的設計，一來可增加空間的層次感，二來也讓水平的向度成為置物的延伸空間。

圖片提供／十一日晴空間設計

圖片提供／合砌設計

層板設計要點

乾濕分離的觀念在台灣已久，乾區可選擇的材質相對多元，濕區建議以具有防水性的材質為主。若層板是外掛安裝式的，也可以選用不鏽鋼系列，或是在安裝後與牆面的隙縫中填入矽利康，讓水氣不至於與內部和外部產生作用。

Q014
針對長輩使用的衛浴，如要加裝扶手應該注意哪些？

若想在熟齡衛浴空間設計扶手，可以輪椅行動的過道與機能使用來規劃，特別是浴室進出入口、馬桶、浴缸等。扶手形式則依據場域特性來安排，例如馬桶與浴缸空間，使用者需要一股往上支撐身體的力道，會安排頂天立地的扶手設計；另外，也要針對使用者慣用手來安排扶手方向，例如左撇子會規畫左側扶手設計，避免使用者習慣不同，而造型設計閒置。

馬桶與浴缸空間，會安排頂天立地的扶手設計，當使用者完成機能的使用，可透過扶手方便將身體支撐起。圖片提供／演拓空間室內設計

於過道上、洗手台側邊規劃平台式的扶手，輔助使用者行動及機能使用上的舒適度。圖片提供／演拓空間室內設計

Q 015
保養瓶罐眾多堆積洗手檯，要怎麼收納才能保持整齊？

洗手檯空間通常堆滿了不同的瓶瓶罐罐，收納則又可分為開放式與封閉式兩種，洗手槽下方空間可規劃浴櫃，作為收納浴室雜物的空間，為求檯面整潔，可利用不同的鏡櫃設計，滿足收納需求。開放式鏡櫃適合物品種類沒有這麼多的業主，在生活中可一目了然地取用物品；封閉式鏡櫃則將鏡面區域轉化為儲存空間，收納量更大，適合物品種類多者，鏡面門片可將具有生活感的物品隱去，使視覺更乾淨清爽。

1. 開放式鏡櫃一目了然
開放式鏡櫃結合鏡子與收納櫃的雙重機能，設計師將鏡子嵌於櫃底，使邊框同時具有層架的功能，增加置物空間，左方以層板格出空間，可擺放常用的洗漱用品。

圖片提供／十一日晴空間設計

2. 封閉式鏡櫃滿足收納機能

在缺乏收納空間的條件之下，封閉式鏡櫃能將立面空間轉化爲收納空間，大幅地降低視線的雜亂感。鏡櫃的開闔方式分爲平開與推拉式兩種，設計時必須考量整體空間與條件，再決定鏡櫃的形式。

圖片提供／合砌設計

鏡櫃設計規劃要點

封閉式鏡櫃大致可分爲平開與推拉式兩種，平開式的鏡櫃可完全打開便於安裝，由於單側承重，五金耗損較快，必須納入考量。推拉式所佔空間較小，能避免開關時的碰撞。考量承重，單片鏡櫃門片寬度不建議超過 60 公分，若寬度在 60 ～ 90 公分間，應避免從中央切割，以免影響使用體驗。

Q016
面盆下浴櫃有開放和封閉形式，這二種的優缺點是什麼？

浴櫃設計大致可分為開放式與封閉式兩種，開放式適合運用在較寬敞的衛浴空間中，在浴室內有可收納所需物品的空間條件下，面盆下的空間可透過設計，展現輕盈感。使用開放式設計，排水管會外漏，建議使用 T 型管，視覺上可更加美觀俐落。封閉式櫃體常運用在空間較為限縮的衛浴空間內，由於沒有其他空間可配置收納空間，面盆下方的空間作為櫃體，可最大限度地收納生活用品，浴櫃高度（含面盆）建議約落在 75 ～ 85 公分左右。

1. 開放式浴櫃視覺更輕盈
開放式浴櫃具有視覺美觀、便於拿取、通風等優點，設計時必須考量使用者的收納習慣，良好的收納習慣，才能維持視覺上的整潔。開放式浴櫃可使用不同材質的層板隔層，下方空出的空間則可讓業主自由運用。

圖片提供／十一日晴空間設計　　　　　　　　　　　　　　圖片提供／合砌設計

2. 封閉型浴櫃滿足收納需求

封閉型浴櫃可視需求收納需求與使用習慣，決定櫃體的形式與大小。若所需收納物品不多，可使用抽屜櫃的方式規劃設計，也可利用檯面下方的空間，將抽屜櫃結合開放式的櫃體，同時滿足收納與通風的需求。

圖片提供／合砌設計

圖片提供／合砌設計

浴櫃設計規劃要點

現在衛浴多有乾濕分離，材質使用多元不受限，若使用石材表面應先經過特殊處理，填補毛細孔防止水氣滲入。合砌設計徐俊福設計師指出，設計時可針對偏好的風格圖片進行蒐集，並分析相關的材質與運用，構築畫面感，接著再從細節著手進行。

Q017
習慣在浴室化妝，光線配置應該注意甚麼？

在攝影的打燈技巧中，最沒特色的光就是從正面來，因為最不具戲劇化，但這也是化妝時最需要的燈照，讓燈光均勻照射臉部，盡可能不產生過多陰影，才不會上妝打陰影時誤判。通常化妝區的燈會安排在鏡子兩側，若是鏡子跨距較長，均勻打光的效果可能不如預期，因此也能在側邊加裝小的化妝鏡。

化妝的最佳光源為從正面來的光，讓燈光均勻照射面部，減少面部陰影，通常燈具會安裝在鏡子兩側。圖片提供／日作設計

Q 018
洗手檯剛好碰上窗戶，想保留光線又需要配置鏡子，有哪些規劃的方式？

浴室有窗戶最大優勢就是光線好，可以享受自然日光，但有時候窗戶卻又限制了鏡面的使用，在這樣的情況下有幾種方式，第一是可以利用吊鏡的形式，但要注意鏡子與天花板的結構銜接必須要確實、穩固。其次也能透過推拉訂製設計，類似穀倉門的滑動概念，讓鏡子可以左右滑動，不但不會阻擋既有光線，使用鏡子的位置也更爲靈活彈性。

運用鐵工訂製的鏡櫃，搭配天花板軌道以及牆面固定滑軌，百葉下也製作扁鐵支撐，讓鏡櫃可以左右移動，保留光線通透。圖片提供／蟲點子創意設計

Q 019
衛浴裡面每個區域的燈光規劃應該要怎麼做？

衛浴裡的照明最理想的安排是均勻照射，畢竟進入浴室的目的是潔淨，首先要看清楚才能有效清潔。照明設備安裝時必須留意濕氣問題，管線須完善包覆以達到防水效果。淋浴間燈照的安裝位置避免靠近花灑，以防燈光被不鏽鋼材質反射，或者被擋住。馬桶燈光也是重點區塊，燈罩位置會設在馬桶前緣，拿衛生紙、看書或手機都會比較清楚。

衛浴燈照以均勻能看清楚爲主，安裝時要注意下方是否有設備遮擋，以及注意燈具的防潮處理。圖片提供／日作設計

Q 020
衛浴適合搭配吊燈嗎？應該要配置在哪個位置比較洽當？

浴室吊燈通常為裝飾用途，功能性不強。裝設於洗臉盆旁或者馬桶旁邊，搭配擺設花藝的小平台，能讓空間富有詩意。尤其獨立於衛浴之外的面盆，可以視為公共空間或者臥室的一部分，加裝吊燈可以營造氣氛，也能透過特別造型的面盆、龍頭挑選，創造空間中的高級感。

吊燈在衛浴空間的功能性不高，但是能營造具有詩意的場域氛圍。圖片提供／合砌設計

本書諮詢專家

大雄設計

台北市內湖區新湖一路 303 號 2 樓

02-2658-7585

十一日晴空間設計

台北市文山區木新路三段 243 巷 4 弄 10 號 2 樓

台南市東區東和路 146 號 3 樓

TheNovDesign@gmail.com

王采元工作室

consult@yuan-gallery.com

日作空間設計

桃園市中壢區龍岡路二段 409 號 1 樓

03-284-1606

台北市信義區松隆路 9 巷 30 弄 15 號

02-2766-6101

合砌設計

台北市南港區忠孝東路六段 428 巷 3 號 1 樓

02-2786-1080

尚藝設計

台北市中山區中山北路二段 39 巷 10 號 3 樓

02-2567-7757

演拓室內設計

台北市松山區八德路四段 72 巷 10 弄 2 號

02-2766-2589

崝石室內裝修工程有限公司

台中市西屯區台灣大道四段 1268 號 20 樓之 2

大湖森林室內設計

台北市內湖區康寧路三段 56 巷 200 號

02-2633-2700

優尼客空間設計

台北市士林區承德路四段 12 巷 56 號 1 樓

02-2885-5058

福研設計

台北市大安區安和路二段 63 號 4 樓

02-2703-0303

鉅程設計

台北市松山區民權東路三段 106 巷 15 弄 8 號 1 樓

02-2886-7068

樹屋設計

台北市大安區通化街 200 巷 8 號

02-2377-9191

J.P.Group 桀珮設計

台南市仁德區亞航街 25 巷 150 號

06-268-8620

FUGE GROUP 馥閣設計集團

台北市大安區仁愛路三段 26-3 號 7 樓

02-2325-5019

蟲點子創意設計

台北市大安區師大路 80 巷 3 號

02-2365-0301

漢樺磁磚

台北市內湖區行愛路 77 巷 16 號 5 樓

02-2791-6189

itai 一太 e 衛浴

02-2434-2111

珪藻起居森活

台北市內湖區港墘路 221 巷 21 號

02-265-7598

TOTO 泉成展示中心

台中市南區台中路 356 號

04-228-6688

水泥工阿鴻

chengyhua@gmail.com

佑揚設計工程

新北市板橋區民生路三段 68 號 9 樓

0922-122-202

樂土

06-2619666

lotos@techome.com.tw

SIGMAS 西格瑪材料科技股份有限公司

https://www.sigmas.com.tw/index.asp

日菁塗裝

yang4yi@gmail.com

Solution 158

最強浴室設計規劃全書

破解格局動線尺寸，搞懂隔間、管線配置、
設備安裝工法步驟完全掌控

作　　者｜ i 室設圈｜漂亮家居編輯部
責任編輯｜許嘉芬
文字編輯｜黃婉貞、賴姿穎、Joyce、林琬真、April、Jessie
插畫繪製｜黃雅方
美術設計｜莊佳芳

發 行 人｜何飛鵬
總 經 理｜李淑霞
社　 長｜林孟葦
總 編 輯｜張麗寶
內容總監｜楊宜倩
叢書主編｜許嘉芬

出　　版｜城邦文化事業股份有限公司 麥浩斯出版
地　　址｜ 104 台北市中山區民生東路二段 141 號 8 樓
電　　話｜（02）2500-7578
傳　　真｜（02）2500-1916
E-mail 　｜ cs@myhomelife.com.tw

發　　行｜英屬蓋曼群島商家庭傳媒股份有限公司城邦分公司
地　　址｜ 104 台北市民生東路二段 141 號 2 樓
讀者服務電話｜ 02-2500-7397；0800-033-866
讀者服務傳真｜ 02-2578-9337
訂購專線｜ 0800-020-299（週一至週五上午 09:30 ～ 12:00；下午 13:30 ～ 17:00）
劃撥帳號｜ 1983-3516
劃撥戶名｜英屬蓋曼群島商家庭傳媒股份有限公司城邦分公司

香港發行｜城邦（香港）出版集團有限公司
地　　址｜香港九龍九龍城土瓜灣道 86 號順聯工業大廈 6 樓 A 室
電　　話｜ 852-2508-6231
傳　　真｜ 852-2578-9337
電子信箱｜ hkcite@biznetvigator.com

馬新發行｜城邦〈馬新〉出版集團 Cite（M）Sdn.Bhd.（458372U）
地　　址｜ 11,Jalan 30D ／ 146, Desa Tasik, Sungai Besi,
　　　　　　57000 Kuala Lumpur, Malaysia.
電　　話｜ 603-9056-3833
傳　　真｜ 603-9056-2833

總 經 銷｜聯合發行股份有限公司
電　　話｜（02）2917-8022
傳　　真｜（02）2915-6275
製版印刷｜凱林彩印股份有限公司
版　　次｜ 2024 年 1 月初版一刷
定　　價｜新台幣 599 元
Printed in Taiwan 著作權所有‧翻印必究

國家圖書館出版品預行編目 (CIP) 資料

最強浴室設計規劃全書：破解格局動線尺寸，搞懂
隔間、管線配置、設備安裝工法步驟完全掌控 /i 室
設圈｜漂亮家居編輯部作 . -- 初版 . -- 臺北市：城邦
文化事業股份有限公司麥浩斯出版：英屬蓋曼群島
商家庭傳媒股份有限公司城邦分公司發行, 2024.01
　面；　公分 . -- (Solution；158)
ISBN 978-626-7401-12-5(平裝)

1.CST: 浴室 2.CST: 室內設計 3.CST: 空間設計

441.586　　　　　　　　　　　　112021737